抽水蓄能电站
造价管理
200问

国网新源集团有限公司基建部　组编

中国电力出版社
CHINA ELECTRIC POWER PRESS

内容提要

　　本书作为抽水蓄能电站造价管理工具书，以问答的形式，覆盖抽水蓄能电站前期阶段、筹建阶段、实施阶段、竣工阶段全过程造价管理。本书对前期工作流程、费用计取及组成等内容进行阐述；对合同管理和审核流程、限价管理及招标文件编审常见内容以问答形式展现；对合同结算、预付款、变更、索赔等管理流程及施工阶段造价管理基础知识进行梳理；对竣工结算管理流程及竣工结算编审基础内容进行阐述；对抽水蓄能招投标过程中的合规性问题进行总结分析；对抽水蓄能造价管理相关法律法规、规章制度、造价文件等进行汇编，将成为抽水蓄能造价管理从业者的重要参考书。

图书在版编目（CIP）数据

　　抽水蓄能电站造价管理 200 问 / 国网新源集团有限公司基建部组编 . —— 北京：中国电力出版社，2025.3

　　ISBN 978-7-5198-8450-5

　　Ⅰ . ①抽…　Ⅱ . ①国…　Ⅲ . ①抽水蓄能水电站 – 造价管理 – 问题解答　Ⅳ . ① TV743–44

　　中国国家版本馆 CIP 数据核字（2024）第 012738 号

出版发行：中国电力出版社
地　　址：北京市东城区北京站西街 19 号（邮政编码 100005）
网　　址：http：//www.cepp.sgcc.com.cn
责任编辑：谭学奇（010–63412218）
责任校对：朱丽芳
装帧设计：王红柳
责任印制：吴　迪

印　　刷：三河市万龙印装有限公司
版　　次：2025 年 3 月第一版
印　　次：2025 年 3 月北京第一次印刷
开　　本：710 毫米 ×1000 毫米　16 开本
印　　张：11
字　　数：178 千字
印　　数：0001—1000 册
定　　价：98.00 元

《抽水蓄能电站造价管理 200 问》

编委会

主　　任：王胜军
副 主 任：张学清
委　　员：刘　薇　于　辉

编写组

组　　长：张菊梅
副 组 长：张体壮　游启升　于　良
编写人员：黄德法　息丽琳　董丽贤　马　赫　刘世锋
　　　　　尚立明　巩法慧　俞茂玲　王炳芳　安文瑞
　　　　　佰春明　杜龙祥　洪　方　何金祥　王柏林
　　　　　胡　诚　李　轩　张世诚　郑　浩　郑玉刚
　　　　　佟德宇　陈　丽　唐　凯

前　言

随着碳达峰、碳中和目标的确定，风电、太阳能发电等清洁能源的大规模增长和高电压、大容量、远距离输电及智能电网建设的快速发展，对电力系统的安全稳定经济运行提出了更高要求。在我国能源资源和电力消费分布不均衡的大环境下，抽水蓄能是当前以及今后相当长一段时期内促进清洁能源发展、确保电力系统安全可靠运行的有效手段。

2021 年 9 月 17 日，国家能源局正式发布了《抽水蓄能中长期发展规划（2021—2035 年）》，规划提出到 2025 年，抽水蓄能投产总规模 6200 万 kW 以上；到 2030 年，投产总规模 1.2 亿 kW 左右；到 2035 年，形成满足新能源高比例大规模发展需求的，技术先进、管理优质、国际竞争力强的抽水蓄能现代化产业，培育形成一批抽水蓄能大型骨干企业。

当前抽水蓄能电站投资控制方面面临着以下严峻挑战：一是投资规模不断扩大，单位造价呈上升态势；二是相关造价管理人员紧缺，经验不足，造价商务问题综合性强、复杂度高；三是新开工建设电站数量激增对资源摊薄明显。2021 年全国共核准 11 个项目，共计 1380 万 kW，2022 年共核准 48 个项目，共计 6889.6 万 kW，2023 年共核准 49 个项目，共计 6342 万 kW，2022～2023 年项目核准数量约为 2021 年的 8.8 倍，核准装机容量约为 2021 年的 9.6 倍。市场上的规划设计、工程建设、装备制造资源相对有限，出现供不应求现象，增加造价管控难度。

第二篇　前期篇

第三篇　筹建篇

第四篇　实施篇

第五篇 竣工篇

第六篇 合规篇

第一篇

通识篇

何为抽水蓄能?

抽水蓄能是一种电力储能技术,主要是通过不同高度的两个水库之间的水位差来存储和释放电力。抽水蓄能电站利用电力负荷低谷时的电能抽水至上水库,在电力负荷高峰期再放水至下水库发电,可将电网负荷低时的多余电能,转变为电网高峰时的高价值电能,启停灵活、反应迅速,具有调峰填谷、调频、调相、紧急事故备用和黑启动等多种功能,是电力系统的主要调节电源(见图 1-1)。

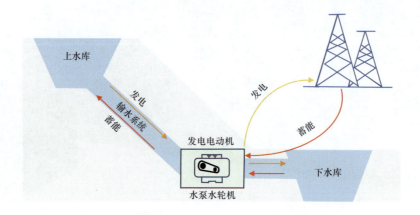

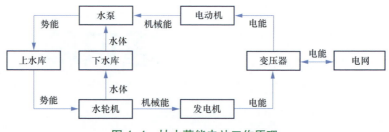

图 1-1 抽水蓄能电站工作原理

抽水蓄能电站枢纽由哪几部分组成?

抽水蓄能电站通常由上水库、输水系统、发电厂房、下水库和其他专业建筑物组成(见图 1-2)。

上／下水库：抽水蓄能电站的上／下水库是存储水量的工程设施，电网负荷低谷时段可将抽上来的水储存在上水库内，负荷高峰时段由上水库放水发电。

输水系统：输水系统是输送水量的工程设施，连接上下水库，在水泵工况（抽水）把下水库的水量输送到上水库，在水轮机工况（发电）将上水库放出的水量通过厂房输送到下水库。输水系统由上库进／出水口及事故检修闸门井、引水隧洞或竖井、压力管道和调压室、岔管、分岔后的水平支管、尾水隧洞及检修闸门井和下水库进／出水口组成。

厂房：厂房是放置蓄能机组和电气设备等重要机电设备的场所，也是电站生产的中心。抽水蓄能电站无论是完成抽水、发电等基本功能，还是发挥调频、调相、升荷爬坡和紧急事故备用等重要作用，都是通过厂房中的机电设备来完成。厂房主要包括主厂房、副厂房、主变器变洞、母线洞等洞室。

图 1-2 抽水蓄能电站枢纽部分组成

 我国抽水蓄能发展现状?

水电水利规划设计总院联合中国水力发电工程学会抽水蓄能行业分会发

布的《抽水蓄能产业发展报告 2023 年度》数据显示，截至 2023 年底，我国已纳入规划和储备的抽水蓄能站点资源总量约 8.23 亿 kW，其中已投产 5094 万 kW，核准在建 1.79 亿 kW。华北、东北、华东、华中、南方、西南、西北电网的资源量分别为 8600 万 kW、10530 万 kW、10560 万 kW、12520 万 kW、13790 万 kW、10430 万 kW、15900 万 kW。

根据国家能源局数据，2023 年我国抽水蓄能新增装机容量 5.15GW，截至 2023 年底抽水蓄能累计投产装机容量达 50.94GW，较 2021 年增长 11.25%，主要分布在华东、华北及南方区域。预计到 2025 年装机容量将达到 62GW，到 2030 年达到 120GW 左右。

我国已投产的 5094 万 kW 抽水蓄能电站，主要分布在广东、浙江、安徽、河北、山东、福建等地，分别达到 968 万 kW、668 万 kW、468 万 kW、427 万 kW、400 万 kW、395 万 kW，前六名地区装机总容量合计占比达 65.29%。

近年来，我国抽水蓄能建设发展迅速，中国水力发电工程学会抽水蓄能行业分会数据显示，截至 2023 年底，全国已核准抽水蓄能电站 134 座。其中，2021 年核准电站 11 个，装机容量共计 1380 万 kW；2022 年共核准电站 48 个，装机容量共计 6889.6 万 kW；2023 年共核准电站 49 个，装机容量共计 6342 万 kW（见图 1-3）。

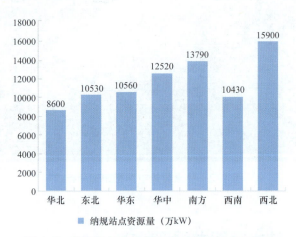

图 1-3　我国已纳入规划的抽水蓄能站点资源图
（截至 2023 年底）

大力发展抽水蓄能电站的原因？

国家发展改革委、国家能源局为贯彻《中共中央、国务院关于完整准确全面贯彻新发展理念做好碳达峰碳中和工作的意见》《国务院关于印发 2030 年前碳达峰行动方案的通知》要求，落实好《抽水蓄能中长期发展规划（2021—2035 年）》，部署加快"十四五"时期抽水蓄能项目开发建设。

加快发展抽水蓄能，对加快构建新型电力系统、促进可再生能源大规模、高比例发展，实现"碳达峰、碳中和"目标，保障电力系统安全稳定运行，提高能源安全保障水平，以及促进有效投资、保持经济社会平稳健康发展，都具有重要作用。通过抽水蓄能提升电力系统灵活调节能力，有利于保障传统能源有序退出，实现新能源大规模安全可靠替代，推动绿色低碳发展。

 抽水蓄能中长期发展目标是什么？

2021 年 9 月，国家能源局发布《抽水蓄能中长期发展规划（2021—2035 年）》，发展目标提到：到 2025 年，抽水蓄能投产总规模 6200 万 kW 以上；到 2030 年，投产总规模 1.2 亿 kW 左右；到 2035 年，形成满足新能源高比例大规模发展需求的，技术先进、管理优质、国际竞争力强的抽水蓄能现代化产业，培育形成一批抽水蓄能大型骨干企业。

 抽水蓄能电站投资包括哪几部分？

（1）可再生能源定额站颁布的《水电工程设计概算编制规定（2013 年版）》规定：

抽水蓄能电站投资由枢纽工程、建设征地移民安置补偿、独立费用、基本预备费、价差预备费、建设期利息六部分组成。

枢纽工程包括施工辅助工程、建筑工程、环境保护和水土保持工程、机电设备及安装工程、金属结构设备及安装工程。

建设征地移民安置补偿包括农村部分、城市集镇部分、专业项目、库底清理、环境保护和水土保持专项补偿费用。

独立费用包括项目建设管理费、生产准备费、科研勘察设计费、其他税费。

（2）国家能源局 2023 年第 8 号公告发布的《水电工程设计概算编制规定》（NB/T 11408—2023）及《抽水蓄能电站投资编制细则》（NB/T 11410—2023）中规定抽水蓄能投资包括枢纽工程投资、建设征地移民安置补偿费用、价差预备费、建设期利息。

枢纽工程项目划分为施工辅助工程、建筑工程、环境保护和水土保持专项工程、机电设备及安装工程、金属结构设备及安装工程、独立费用六项。

建设征地移民安置补偿项目划分为农村部分、城镇部分、专业项目部分、独立行政机关和企事业单位、水库库底清理、独立费用六项。

 抽水蓄能电站造价管理总体要求是什么？

抽水蓄能造价管理的总体要求是发挥参建各方主观能动性，各司其职，抓实造价过程管控，加强设计变更与现场签证管理，精准定位造价管控主要风险，主动采取防范措施，及时解决争议问题，在专业协同的基础上开展合理依据、合理程序、合理造价的管理工作。

 抽水蓄能电站决策阶段造价管理目标？

基于拟建项目规模、建设地点、对外交通条件、建设征地及移民人数、设备选用等基础，全面分析工程所在地市场价格、计价依据、计算方法等资料，全面、充分考虑影响建设项目的各种不利因素，保证投资估算能够反映项目真实造价，起到合理确定与控制项目总投资的作用。

 抽水蓄能电站招标阶段造价管理目标？

根据项目特点和建设单位需求，编制符合国家法律法规及相关技术、质量等方面要求的招标文件；在设计概算的控制下，根据已定招标施工组织方案、预算定额、取费标准或企业定额编制招标控制价；通过合理设定招标条件、发布招标控制价，选择具有实力的承包人。

 抽水蓄能电站施工阶段造价管理目标？

以合同为基准，规范变更、索赔、签证管理，依法合规开展标段结算工作，助力工程顺利推进。标段结算文件应做到编制方法正确、计价依据准确、变更签证真实、资料内容完整、商务事项处理依法合规，力争将标段实际完成投资控制在对应范围设计概算内。

 抽水蓄能电站竣工验收阶段造价管理目标？

竣工验收是按照一定的程序和手续在项目投产后，对工程项目的总体进行验收，认证、考评和鉴定的一种活动。从工程造价管理角度看，竣工验收是审查投资使用是否合理的重要环节。在此阶段要及时完成标段结算和工程竣工决算。重点对竣工结算、决算的真实性、可靠性、合理性进行审查，核减不合法、不合规、不合理投资支出，确保标段竣工结算量清、价实，真实、完整地反映工程造价实际情况。

 抽水蓄能电站可行性研究阶段造价管控重点？

可行性研究阶段是在项目建议书审批同意后，对拟建项目的建设必要性、技术可行性与经济合理性做进一步研究。从造价管理角度看，本阶段需要确定合理的工程概算，重点是在选定的技术方案基础上合理确定概算的量、价、费三大主要因素，重视地质勘探工作，保障地勘成果准确性；充分调研当地供电造价指标，合理计列施工供电工程投资；深化交通工程设计，根据初步设计成果编制投资文件；明确业主营地布置标准及规格，合理计列房建面积及指标；建设征地移民安置方案要充分考虑地域特色、地方标准；环境保护和水土保持工程设计标准需满足当地要求及绿色电站理念；充分调研主材及主要设备采购成本，根据项目情况确定所需材料及设备清单；做好土石方平衡测算，提高工程量准确性。

抽水蓄能电站招标阶段造价管控重点？

可行性研究报告审查和项目核准后，项目法人组织开展招标工作，选择承包人实施工程建设。招标阶段是造价管控的事前阶段，合理划分标段，选择合适的合同类型，编制完善的招标文件，确定合理的招标限价是有效控制投资的关键。标段划分应综合考虑工程特点、潜在投标单位专长、工程进度衔接、施工现场布置干扰等。根据标段性质选择固定总价合同、工程量清单计价合同等，按照业务类型选择施工类、服务类、采购类等不同的合同范本。招标文件编审要保证招标条款合理，工程量清单全面、准确，对地勘资料、招标文件与实际情况一致性重点复核，提高岩石级别和运距的准确性，合理确定调差条款。

 抽水蓄能电站施工阶段造价管控重点？

抽水蓄能电站施工阶段造价管理的主要内容为合同的执行管理，主要包括工程变更管理、索赔处理、进度款支付、合同执行动态控制等工作内容。重点是严格履行工程变更审批程序，合理确定工程变更价款；规范处理合同索赔，确保合规合理；合理开展价格调整工作，确保价格调整依据充分；规范结算流程，严格执行合同约定，减少合同结算支付风险；定期开展造价分析、动态管控工程投资。

 抽水蓄能电站竣工验收阶段造价管控重点是什么？

竣工验收阶段是指抽水蓄能电站已按批准的设计文件全部建成，开展系列专项验收，并对抽水蓄能电站进行总验收。此阶段造价管控的重点：①提前开展尾工事项梳理，合理确定尾工工程投资额并计入竣工决算；②及时完成标段竣工结算，合理处理商务问题，为竣工决算开展创造条件。

建设单位造价管理主要职责是什么？

在抽水蓄能电站建设过程中，建设单位需根据国家、行业的法律法规和技术标准，结合上级企业管理要求，制定造价管理相关管理手册，明确各参建方职责，规范工作流程。负责电站建设投资计划、综合计划、统计管理，组织招标商务文件编审、招标控制价编审，负责电站建设过程中合同文件签订、合同交底、现场工程变更和签证管理、结算支付管理、索赔事项审核、违约责任追偿等；负责编写工程造价管理总结，将投资控制在可行性研究概算内。

 监理单位造价管理主要职责是什么？

监理单位负责现场造价管理的监督协调，接受造价管理现场交底，对工程建设过程所有工作内容和工程量进行确认，负责工程款、安全文明施工费用报审、农民工工资报审、完工工程量审核、配合结算工作；负责开展隐蔽工程管理；负责临时措施和索赔事项现场工作记录；负责按程序处理索赔，协调解决造价争议；配合建设单位完成结算工程量初步审核和相关造价资料归集。

 设计单位造价管理主要职责是什么？

设计单位负责对设计变更方案开展技术经济分析评估，估算设计变更投资，提供现场设计服务；配合建设管理单位及时协调解决设计技术问题，配合结算工作，负责结合现场情况及时开展优化设计工作，降低造价和（或）减少工期；负责及时提供施工图纸，确认竣工图纸。

 施工单位造价管理主要职责是什么？

落实施工单位现场造价管理职责，接受建设单位现场造价管理交底：

（1）负责报审工程资金使用计划，编制工程建设预付款、进度款支付申请和月度用款计划，按规定向监理和建设单位报审。

（2）编制《农民工实名制工资信息申报表》报监理审核，设置农民工维权信息告示牌，监督专业（劳务）分包人与农民工签订劳务合同，负责《农民工工资支付表》收集、审核工作。

（3）负责设计变更及现场签证管理，协助完成审批手续，及时上报变更单价费用文件，及时处理发生于实际实行过程中的现场签证，并出具相应的批准单，执行经批准的设计变更和现场签证。

（4）负责索赔管理，在合同约定时间内提出索赔申请，并附上充分的索赔证明材料，办理索赔费用结算。

（5）负责工程量管理，根据施工进度要求核对施工设计图纸、变更单及签证单中的施工工程量，在结算阶段与业主、监理及设计单位共同核对竣工工程量，配合建设单位编制相关文件。

1-20 抽水蓄能主要造价管理文件包括？

抽水蓄能全过程造价管理形成的造价管理文件主要包括：项目估算、设计概算、分标概算、招标设计概算、招标最高限价、进度款支付文件、标段竣工结算文件、新增单价审批文件、执行概算、完工结算、竣工决算等。

第二篇

前期篇

2-1 规划选点阶段工作内容有哪些?

根据省(区、市)区域范围内电力需求水平和特性及变化趋势,综合考虑系统需求和项目建设条件等因素,由各省(区、市)能源主管部门委托有关设计单位编制抽水蓄能电站选点规划报告,完成抽水蓄能电站选点规划报告编制后报送国家能源局。根据《国务院关于发布政府核准的投资项目目录(2016年本)的通知》(国发〔2016〕72号),抽水蓄能电站项目由省级按照国家制定的相关规划核准。根据《国家能源局关于印发抽水蓄能电站选点规划技术依据的通知》(国能新能〔2017〕60号)要求,国家能源局批准的选点规划或调整规划,是编制有关抽水蓄能电站发展规划、开展项目前期工作及核准建设的基本依据,即抽水蓄能电站项目必须先纳入抽水蓄能电站建设选点规划后才开展后续前期工作。

2-2 预可行性研究阶段工作内容有哪些?

根据国家能源局批准的蓄能电站选点规划或调整规划,与项目所在地方政府签订合作意向书。通过招投标确定预可行性研究设计单位并签订合同,由设计单位按水电工程预可行性研究设计内容及深度要求开展勘测设计工作,编制预可行性研究报告。在项目预可行性研究报告编制完成后由水电水利规划设计总院(简称水电总院)进行审查并出具审查意见。

2-3 可行性研究阶段工作内容有哪些?

预可行性研究论证可行后成立项目公司,通过招投标确定可行性研究阶段工程勘察设计单位并签订合同。开展可行性研究阶段勘测设计,按水电工程可行性研究设计内容及深度要求开展勘察设计工作,编制可行性研究报告。可行性研究需对项目的必要性、可行性、建设条件等进行充分论证,并对建设方案进行全面比较,做出项目建设在技术上是否可行、在经济上是否合理的科学结论,可行性研究阶段应完成可行性研究阶段有关专题研究,主要专题报告有:

正常蓄水位选择、施工总布置规划、枢纽布置格局、移民安置规划大纲、移民安置规划、环境影响评价、水土保持方案、水资源论证、地震安全性评价、地质灾害评估、压覆矿产资源调查、文物调查、工程安全监测、安全预评价、社稳评价、接入系统专题、职业病评价等。在项目可行性研究报告编制完成后由水电总院进行审查并出具审查意见。

 项目核准阶段工作内容有哪些?

　　水电总院完成可行性研究审定后,项目公司可向省级主管部门提交项目核准申请报告,核准前必须获取的合规性文件包括:选点规划批复文件、纳入中长期规划重点实施项目、水电总院关于预可行性研究报告的审查意见、环境影响评价批复文件、用地预审与选址意见书、水电总院关于可行性研究报告审查意见、社会稳定风险评估报告及审核意见。项目公司在项目核准后需尽快落实开工前必须获取的合规文件,包括水电工程建设规划同意书、水资源论证及取水许可申请批文、水土保持方案批复意见、防洪影响评价报告批文、地震安全性评价报告审查意见、安全预评价报告备案文件、征地移民安置审查意见、电网接入系统评审意见等。

　　根据《企业投资项目核准和备案管理条例》(中华人民共和国国务院令第673号)、《企业投资项目核准和备案管理办法》(国家发展和改革委员会令第2号)以及《政府核准的投资项目目录》(2016年本)的要求,抽水蓄能电站由省级政府按照国家制定的相关规划核准。由地方政府核准的项目,各省级政府可以根据本地实际情况,按照下放层级与承接能力相匹配的原则,具体划分地方各级政府管理权限,制定本行政区域内统一的政府核准投资项目目录。结合实践中各省市对抽水蓄能电站核准需提交材料的要求,抽水蓄能电站核准前需要取得的文件通常包括选点规划、建设项目用地预审与选址意见书、水土保持方案批复文件、社会稳定风险评估报告及审核意见、移民安置规划审批文件等,一般在三大专题(正常蓄水位选择、施工总布置规划、枢纽布置格局)评审后即可申报项目核准手续(见图2-1)。

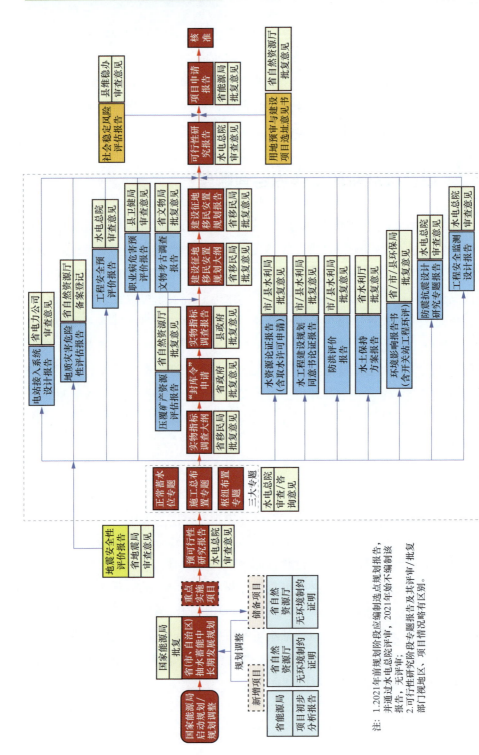

图 2—1 前期工作流程简图

注：1.2021年前规划阶段应编制选点规划报告，2021年始不编制该
　报告，无评审；
　2.可行性研究阶段专题报告及其环评/批复
　部门视情况略有区别。

2-5 **建设征地移民安置管理流程是什么？**

项目核准后，项目公司依据《大中型水利水电工程建设征地补偿和移民安置条例》的要求，与移民区和移民安置区所在的省、自治区、直辖市人民政府或者市、县（区）人民政府签订《电站建设征地和移民安置协议》。招标确定建设征地移民安置综合监理和移民安置监督评估单位，编制《抽水蓄能电站建设征地移民安置综合监理实施细则》并取得省级移民管理机构批复；委托有资质的单位编制《抽水蓄能电站使用林地可行性研究报告（永久/临时）》《抽水蓄能电站林木采伐作业设计（永久/临时）》《抽水蓄能电站建设项目勘测定界技术报告》；委托有资质的勘察设计单位编制《抽水蓄能电站土地复垦报告》，取得省级国土资源管理部门批复。《建设征地移民安置协议》签订后，督促地方政府签订移民搬迁协议、兑付移民补偿、缴纳森林（草原）植被恢复费，协调地方政府开展移民安置点建设或采取过渡搬迁方式，在筹建期工程开工前完成库区内移民搬迁、房屋拆迁和坟墓迁移；在筹建期项目开工建设前，完成使用土地组卷报批，取得永久（临时）使用林（草）地审核同意书、先行用地批复（如有必要）、筹建期工程临时用地使用许可证并根据工程建设需求办理林木采伐许可手续，具备工程开工条件。该部分流程详见图 2-2。

 2-6 **抽水蓄能电站工程设计概算审核重点是什么？**

概算管理控制遵循"静态控制，动态管理"的原则，经核准的设计概算作为项目建设实施和投资控制的依据。审核的目标是确保概算的合理性、准确性和可行性，为项目后续决策提供可靠的成本基础。审核过程需要综合考虑各个方面，确保概算在项目实施阶段的可控性和经济效益：

（1）编制依据的正确性：编制依据选用是否正确合理，是决定设计概算编制质量的关键，编制设计概算的定额和选用的指标要符合规定。

（2）编制深度及完整性：需确保概算文件的完整性，设计概算编制说明与设计概算的一致性，编制范围及具体内容是否与批准项目范围及具体工程内容

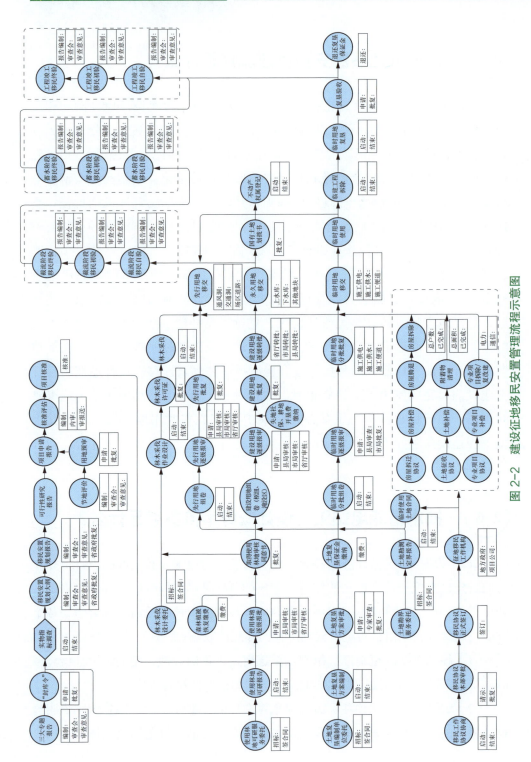

图 2-2　建设征地移民安置管理流程示意图

相一致，独立费用项目是否符合规定。

（3）设计概算的合理性：主要主体工程投资（包括施工辅助工程、建筑工程、设备及安装工程）及各专项工程（包括环境保护工程、水土保持工程、建设征地移民安置补偿、安全监测工程、安全设施与应急工程、水文测报与泥沙监测工程等）投资的工程量、单位工程造价及工程费用计算的合理性；审核内容包括设备选型是否合理、技术方案是否可行且最优、施工组织设计是否合理、配套工程是否考虑充足。

（4）暂估费用的合理性：需关注抽水蓄能电站建设过程中存在的潜在特殊费用的合理性，如地方分摊费用、设计深度尚不足以确定准确投资的项目。

（5）工程周期和进度计划：需关注工程的建设周期和进度计划，确保项目的工期计划和相关工程成本的协调性。

（6）环境影响评价、安全风险评估：需关注工程的环境影响评价及安全风险评估，包括水库蓄水对周边环境的影响、工程建设对生态环境的影响、水库溃坝风险、地质灾害风险等等，避免施工过程中出现严重影响工程实施的影响因素。

（7）预留费用的充足性：设计概算中应考虑适当的预备费（包括基本预备费、价差预备费），这些预留费用可用于应对潜在的风险和变动情况，确保项目的可行性和成本控制。

 ## 如何合理计列施工供电工程投资？

施工供电工程投资通常与电站枢纽布置、用电负荷及变化规律、设备选型及布置、施工工期等因素相关，施工供电方案设计需充分考虑供电来源及可靠性，供电工程投资可通过成本法或者市场竞价法计算。实践中，可提前委托地方电力设计院开展施工供电初步设计并编制造价文件，经审核后折算为供电造价指标计入可行性研究概算。

 ## 如何合理确定交通工程主要线路投资？

合理布置场内交通能一定程度提高电站建设效率、节省电站建设成本。考虑抽水蓄能项目特殊性，交通工程应组织设计单位现场实地勘察，可行性研究阶段主要线路需结合线型、高差、难度、环水保要求等因素按照初设深度进行专项设计，根据专项设计概算投资反推交通工程单位造价指标列入电站的可行性研究概算，避免交通工程投资与工程实际出现较大偏差。

进场公路采用与地方共建模式时，应及早引入地方公路规划设计部门进行相应深度的方案设计，开展专项投资审查，确保计入可行性研究概算的投资与实际需求相符，降低实施阶段与政府洽商的难度。此外，建设征地范围需考虑共建道路的征地内容，避免出现征地面积不足的情况，实施阶段引起变更索赔。

 如何合理计列永久房屋建筑面积及指标？

永久房屋建筑面积一般包括前方营地和后方办公场所。营地建设规格与项目公司生产运行管理模式高度相关。水电工程设计概算编制规定和费用标准中对办公及生活营地建筑面积规定按照电站运行期的定员人数及定员单位面积标准来计算。现行 2023 年版编规和费用标准中房建面积与电站建设现场差异较大，为保证建设及试运行期员工的办公生活条件，抽水蓄能电站通常需考虑多功能办公生活用房。而建筑面积与三通一平等基础设施的比例差异，导致建设标准高于当地常规房建指标，可行性研究概算中房建造价指标应基于抽水蓄能项目实际造价水平分析计列，并结合工程所在地市场情况进行合理调整确定。生产运行管理设施的面积确定需要充分考虑政策风险及容量电价核算机制确定。

 如何合理确定建设征地移民安置方案？

在前期设计阶段及时与当地政府建立良好的沟通，充分了解当地移民政策和补偿标准，根据工程布置、施工组织设计及当地社会环境因素确定合理征地面积，掌握移民安置人口等技术经济指标。重视实物指标调查，综合考虑地域特色及居民需求，依据省级或省级授权文件合理确定补偿标准，同时取得当地政府确认文件。充分重视临时施工征地，工程设计时考虑一定的工程措施后合理确定施工影响区域。合理考虑施工对周边区域影响所需的工程措施费用，尽量少征或不征基本农田或耕地。

计列环境保护和水土保持工程投资需注意什么？

　　为深入贯彻生态优先、绿色发展的新发展理念，抽水蓄能电站建设过程中的污染防治、扬尘治理等环保水保要求日趋严格，中央环保监察监管力度不断加大，可行性研究概算中应充分考虑渣场覆盖、废污水处理、临时用地复绿的工程和植物措施等，保证设计概算中费用计列充足。

 如何合理计列工程信息化数字化建设投资？

　　随着工程管理信息化、智慧化技术发展，项目公司采用先进管理手段、管理技术应用于基建期的项目管理日益普遍。项目公司根据最新可行性研究编制规程提出工程信息化数字化系统所需的功能目标和项目构成，由设计单位提出匹配的智能建造系统设计方案并形成数字化专篇，参考行业内已建或在建电站的该部分招标情况或者实际所发生费用情况，合理计列该部分投资。

 抽水蓄能工程设计概算总投资是否包含送出工程？

　　不包含。电源项目配套送出工程是指发电站升压站外第一杆（架）至公共联结点出线间隔之间的输变电设施（含线路工程），根据国家发展改革委《关于规范电站送出工程建设与投资的通知》（发改能源〔2003〕2346 号）规定：国家规划内并执行国家规定的审批程序的电站项目，其电力送出工程原则上由电网企业投资建设，按照国家建设计划与电站工程同步建成投产。电网企业对于电站送出工程的投资成本，在国家对电网企业定价中，与其他电网项目一起，统筹考虑补偿。因此水电工程建设投资仅包含电站建设费用，发电后送出工程投资由电网公司承担。

 抽水蓄能工程设计概算费用由哪些部分组成？

　　《水电工程设计概算编制规定（2013 年版）》《水电工程设计概算编制规定》

（NB/T 11408—2023）以及《抽水蓄能电站投资编制细则》（NB/T 11410—2023）对抽水蓄能工程项目划分有一定的区别，实际运用时需参考最新规定划分，具体划分情况如下：

（1）《水电工程设计概算编制规定（2013 年版）》和费用标准将水电工程总费用划分为六部分，分别为枢纽工程费用、建设征地移民安置补偿费用、独立费用、基本预备费、价差预备费、建设期利息六部分。其中，枢纽工程包含施工辅助工程、建筑工程、环境保护和水土保持专项工程、机电设备及安装工程、金属结构设备及安装工程五部分费用；独立费用包括项目建设管理费、生产准备费、科研勘察设计费、其他税费四项。《水电工程建设征地移民安置补偿费用概（估）算编制规范》（NB/T 10877—2021）规定，建设征地移民安置补偿包含农村部分、城镇部分、专业项目部分、独立行政机关和企事业单位、水库库底清理五部分的费用（建设征地移民安置补偿费用的独立费用统一纳入工程独立费中）。

（2）《水电工程设计概算编制规定》（NB/T 11408—2023）和《抽水蓄能电站投资编制细则》（NB/T 11410—2023）将水电工程总投资划分为枢纽工程投资、建设征地移民安置补偿费用、价差预备费和建设期利息四部分。其中，枢纽工程投资由施工辅助工程投资、建筑工程投资、环境保护和水土保持工程投资、机电设备及安装工程投资、金属结构设备及安装工程投资、独立费用、增值税、基本预备费八部分构成；建设征地移民安置补偿费用包括农村部分补偿费用、城镇部分补偿费用、专业项目处理补偿费用、独立行政机关和企事业单位处理补偿费用、水库库底清理费用、独立费用、基本预备费。

2-15 安全监测、水文测报与泥沙监测、安全设施与应急、环境保护、水土保持等专项投资与工程设计概算的关系？

《水电工程设计概算编制规定（2013 年版）》规定，枢纽工程除工程本身设计外还需开展安全监测、水文测报与泥沙监测、安全设施与应急（原劳动安全与工业卫生）、环境保护和水土保持等专项设计，各个专项工程的投资分别执行相应专项投资编制细则。各专项工程的工程费用按照临时工程、永久建筑工程、设备及安装工程分别在主体设计概算枢纽工程的施工辅助工程、建筑工程、机电设备及安装工程中对应子目计列，专项工程的独立费不单独出项计列，与主体工程一起按照《水电工程设计概算编制规定》及《水电工程费用构成及概（估）算费用标准》规定的独立费用计算方式计取，具体如下：

1. 安全监测工程

专项投资执行《水电工程安全监测系统专项投资编制细则》（NB/T 35031—2014），安全监测系统项目划分为临时安全监测工程、永久安全监测工程两部分，其中临时安全监测工程指在电站建设期需要监测的项目，包括临时安全监测建筑工程、临时安全监测设备及安装工程、建设期巡视检查和观测及资料整编分析三项；永久安全监测工程指在电站建设期和运行期均需要监测的项目，包括永久安全监测建筑工程、永久安全监测设备及安装工程两项。

安全监测专项投资在设计概算中拆分为3部分，其中临时安全监测工程纳入施工辅助工程中的"临时安全监测工程"，永久安全监测建筑工程纳入建筑工程中的"安全监测工程"，永久安全监测设备及安装工程纳入机电及设备安装工程中的"安全监测设备及安装工程"。

2. 水文测报与泥沙监测

专项投资执行《水电工程水文测报和泥沙监测专项投资编制细则》（NB/T 35073—2015），水电工程水文测报和泥沙监测范围包括水文测报工程、泥沙监测工程两部分；水文测报工程包括为完成水电工程建设期和运行期各项水文测报工作所需的设施建设和建设期水文监测及预报服务，由临时水文测报设施建设、建设期水文测报服务和永久水文测报工程（包括建筑、设备及安装）建设组成；泥沙监测工程包括为完成水电工程建设期和运行期各项泥沙监测工作所需的设施建设、建设期泥沙测验和泥沙冲淤观测，由临时泥沙监测设施建设、建设期泥沙监测服务和永久泥沙监测工程（包括建筑、设备及安装）建设组成。

水文测报与泥沙监测专项投资在设计概算中拆分为3部分，其中临时水文测报及泥沙监测设施、建设期水文测报服务及泥沙监测服务纳入施工辅助工程中的"临时水文测报和泥沙监测工程"，永久水文测报和泥沙监测建筑工程纳入建筑工程中的"水文测报和泥沙监测工程"，永久水文测报和泥沙监测设备及安装工程纳入机电设备及安装工程中的"水文测报和泥沙监测设备及安装工程"。

3. 安全设施与应急工程（原劳动安全与工业卫生工程）

专项投资执行《水电建设项目劳动安全与工业卫生专项投资编制细则（试

行)》(2007 年版)，主体工程中已计列的具有劳动安全与工业卫生功能的工程投资已在设计概算中相应项目中考虑，专项投资不包含该部分内容。安全设施与应急工程专项投资由建筑工程、设备及安装工程和独立费用三部分组成，其中建筑工程纳入主体设计概算的建筑工程中的"安全设施与应急工程"，设备及安装工程纳入主体设计概算中的机电设备及安装工程中的"安全设施与应急设备及安装工程"，独立费用分别包含在主体设计概算中相应的费用子目中一起计算，不另外单独计列。

4. 水土保持工程

专项投资执行《水电工程水土保持专项投资编制细则》(NB/T 35072—2015)，包括枢纽工程水土保持专项工程、建设征地移民安置水土保持专项工程、独立费用三部分。其中建设征地移民安置水土保持工程计入建设征地移民安置专项投资；枢纽工程水土保持专项工程（包括工程措施、植物措施、临时措施、水土保持监测工程）在主体工程设计概算中的环境保护与水土保持工程中出项计列；独立费用中的项目建设管理费、科研勘察设计费均已含在主体工程设计概算中相应独立费子目中一起计算，不另行单独计列，独立费用中的水土保持补偿费在主体设计概算独立费用中的"其他税费"计列。

5. 环境保护工程

专项投资执行《水电工程环境保护专项投资编制细则》(NB/T 35033—2014)，包括枢纽工程环境保护专项工程、建设征地移民安置环境保护专项工程、独立费用三部分。其中建设征地移民安置环境保护工程计入建设征地移民安置专项投资；枢纽工程环境保护专项工程在主体工程设计概算中的环境保护与水土保持工程中出项计列；独立费用中的项目建设管理费、科研勘察设计费均已含在主体工程设计概算中相应独立费子目中一起计算，不另行单独计列，独立费用中的其他税费在主体设计概算独立费用中的"其他税费"计列。

 2-16 **抽水蓄能工程设计概算中移民安置补偿专项投资如何计列？**

《水电工程设计概算编制规定（2013 年版）》规定，建设征地移民安置补偿专项投资分为补偿费用和独立费用两部分，其中补偿费用（包括农村部分、城市集镇部分、专业项目、库底清理、环境保护和水土保持专项）作为专项与枢纽工程并列，移民的独立费按照《水电工程建设征地移民安置补偿费用概（估）算编制规范》（NB/T 10877—2021）计算，并将费用分别合并至工程独立费相应子目中。

《抽水蓄能电站投资编制细则》（NB/T 11410—2023）规定，建设征地移民安置补偿费用与枢纽工程投资并列，建设征地移民安置补偿项目组成、费用构成、费用标准及概算编制办法执行《水电工程建设征地移民安置补偿费用概（估）算编制规范》（NB/T 10877—2021）。

 2-17 建设征地移民安置补偿费用中的环保和水保投资如何计列？

《水电工程建设征地移民安置补偿费用概（估）算编制规范》（NB/T 10877—2021）规定，环境保护和水土保持费用应根据移民工程环境保护和水土保持规划设计成果，分别在居民点及城镇迁建新址建设、专业项目迁复建和独立企事业单位迁建等相应工程中计列，取消移民安置区的环境保护和水土保持专项计列方式。

 2-18 环境保护、水土保持监理费如何计提？

《水电工程费用构成及概（估）算费用标准（2013 年版）》规定，工程建设监理费指建设项目开工后，根据工程建设管理的实施情况，聘任监理单位在工程建设过程中，对枢纽工程建设（含环境保护和水土保持专项工程）的质量、进度和投资进行监理，以及对设备监造所发生的全部费用。环保、水保的监理费计算方法与主体工程一致，按照工程费用的 2.0%~2.9%、工程永久设备费 0.45%~0.75% 分别计取，包含在工程建设监理费中。

《水电工程费用构成及概（估）算费用标准》（NB/T 11409—2023）规定，工程建设监理费指建设项目开工后，根据工程建设管理的实施情况，对枢纽工程建设（含环境保护和水土保持专项工程）的质量、进度和投资进行监理，以及对设备监造所发生的全部费用。环保、水保的监理费计算方法与主体工程一致，按照工程费用的 2.1%~3.0%、工程永久设备费 0.4%~0.7% 分别计取，包含在工程建设监理费中。

 设计概算中其他施工辅助工程包含哪些内容？

《水电工程设计概算编制规定（2013 年版）》和《水电工程费用构成及概（估）算费用标准（2013 年版）》规定，设计概算中其他施工辅助工程投资按照除其他施工辅助工程投资以外的施工辅助工程投资的 5%~20% 计取。主要包括施工场地平整，施工临时支撑，地下施工通风，施工排水，大型施工机械安装拆卸，大型施工排架、平台，施工区封闭管理，施工场地整理，施工期防汛、防冰工程，施工期沟水处理工程等。其中，施工排水包括施工期内需要建设的排水工程、初期和经常性排水措施及排水费用，地下施工通风包括施工期内需要建设的通风设施和施工期通风运行费，施工区封闭管理包括施工期内封闭管理需要的措施和投入保卫人员的营房、岗哨设施及人员费用等。

如有费用高、工程量大的项目，可根据工程实际情况单独列项处理，并相应减小上述百分率。

《水电工程设计概算编制规定》（NB/T 11408—2023）对其他施工辅助工程包含内容补充了拦漂工程施工期运行及维护费，《抽水蓄能电站投资编制细则》（NB/T 11410—2023）中将地下施工通风工程单独列项处理，不包含在其他施工辅助工程中。

 设计概算中建筑工程中的其他工程包含哪些内容？

《水电工程设计概算编制规定（2013 年版）》规定，其他建筑工程包括动力线路、照明线路、通信线路、厂坝区供水、供热、排水等公用设施工程，地震监测站（台）网工程及其他。

动力线路工程指从发电站至各生产用电点的架空动力线路及电缆沟工程，该部分为永久供电线路投资，通常按照设计工程量乘单位公里造价指标计算。电站至各生产用电点的动力电缆应列入机电设备及安装工程中。

照明线路工程指厂坝区照明线路及其设施（户外变电站的照明也包括在本

项内）。不包括应分别列入拦河坝、溢洪道、引水发电系统、船闸等水工建筑物细部结构项内的照明设施。

通信线路工程包括对内、对外的架空通信线路和户外通信电缆工程及枢纽至本电站（水库）所属的水文站、气象站的专用通信线路工程。

地震监测站（台）网工程指根据工程需要，在枢纽区和水库区设置地震弱震监测系统。

《水电工程费用构成及概（估）算费用标准》（NB/T 11409—2023）对此规定与上述内容基本一致。

 ### 设计概算独立费用中其他税费中的其他指什么费用？

其他税费中的其他项指工程建设过程中发生的不能归入建设征地移民补偿其他税费和水土保持补偿费的有关税费，如矿产资源税，需根据当地政策要求计取。

《水电工程费用构成及概（估）算费用标准（2013 年版）》规定，其他税费指国家有关规定需要缴纳的其他税费，包括对项目建设用地按土地单位面积征收的耕地占用税、耕地开垦费、森林植被恢复费等、水土保持补偿费、其他等。《水电工程建设征地移民安置补偿费用概（估）算编制规范》（NB/T 10877—2021）增加草原植被恢复费、被征地农民社会保障费用。

耕地占用税：指国家为合理利用土地资源，加强土地管理，保护农用耕地，对占用耕地从事非农业建设的单位和个人征收的一种地方税。

耕地开垦费：根据《中华人民共和国土地管理法》和《大中型水利水电工程建设征地补偿和移民安置条例》（中华人民共和国国务院令第 471 号〔2006〕）的有关规定缴纳的专项用于开垦新的耕地的费用。

森林（草原）植被恢复费：指对经国家有关部门批准勘察、开采矿藏和修建道路、水利、电力、通信等各项建设工程需要占用、征收或者临时使用林（草）地的用地单位，经县级以上林业主管部门审核同意或批准后，缴纳的用于异地恢复植被的政府基金。

水土保持补偿费：指按照国家和省、自治区、直辖市的政策法规征收的水土保持补偿费。

其他：指工程建设过程中发生的不能归入以上项目的有关税费。

《水电工程费用构成及概（估）算费用标准》（NB/T 11409—2023）中由于项目划分的调整，其中水土保持补偿费及其他列入枢纽工程投资中，耕地占用税、耕地开垦费、森林植被恢复费、草原植被恢复费、被征地农民社会保障费用等列入建设征地移民安置补偿费用中。

 ## 2-22　第三方试验室费用在概算中如何体现？

第三方试验室建设费用原则上不单独出项计列投资，费用包含在工程单价中。若试验室由业主提供，则土建费用可以单独出项，若为临时建筑，则计列在施工辅助工程中的施工及建设管理房屋建筑工程中；若为永久建筑（含永临结合），则计列在建筑工程中的房屋建筑工程中。

第三方试验检测费用在概算中分为两种情况，①施工单位日常自检，该部分费用含在工程单价中，具体体现在其他直接费；②行业管理部门授权的水电工程质量监督检测机构对工程建设质量进行检查、检测、检验所发生的费用，体现在项目建设管理费中的水电工程质量检查检测费。

 ## 2-23　施工期安全防洪度汛费用在概算中如何体现？

施工期安全防护度汛费用在设计概算中计列在施工辅助工程中的其他施工辅助工程中。通常情况下设计概算中其他施工辅助工程按除其他施工辅助工程投资、安全生产措施费以外的施工辅助工程投资的 5%~20% 计算，若施工期安全防洪度汛单项费用高，可在该项下单列，并适当降低其他施工辅助工程费率。

《水电工程设计概算编制规定（2013 年版）》规定，其他施工辅助工程指除上述所列工程之外，其他所有的施工辅助工程。包括施工场地平整，施工临时支撑，地下施工通风，施工排水，大型施工机械安装拆卸，大型施工排架、平台，施工区封闭管理，施工场地整理，施工期防汛、防冰工程，施工期沟水处理工程等。《水电工程费用构成及概（估）算费用标准（2013 年版）》规定其他施工辅助工程费率为 5%~20%，计算基数为除其他施工辅助工程投资以外的施工辅助工程投资，如有费用高、工程量大的项目，可根据工程实际情况单独列项处理，并相应减小上述百分率，具体费率根据实际情况分析确定。

《水电工程设计概算编制规定》（NB/T 11408—2023）规定的其他施工辅助工程包含内容除《水电工程设计概算编制规定（2013 年版）》规定内容外，新增"拦漂工程施工期运行及维护"。《水电工程费用构成及概（估）算费用标准》（NB/T 11409—2023）对其他施工辅助工程费率的规定与《水电工程费用构成及概（估）算费用标准（2013 年版）》一致，计算基数调整为除其他施工辅助工程投资、安全生产措施费以外的施工辅助工程投资。

 ## 设计概算中人工费包含哪些内容？

《水电工程费用构成及概（估）算费用标准（2013 年版）》规定，人工费是指支付给从事建筑安装工程施工的生产工人的各项费用。包括生产工人的基本工资和辅助工资。包括：

（1）基本工资，由技能工资和岗位工资构成。

技能工资是根据不同技术岗位对劳动技能的要求和职工实际具备的劳动技能水平及工作实绩，经考试、考核合格确定的工资。

岗位工资是根据职工所在岗位的责任、技能要求、劳动强度和劳动条件的差别所确定的工资。

（2）辅助工资，是在基本工资之外，以其他形式支付给职工的工资性收入。包括：①根据国家有关规定属于工资性质的各种津贴，主要包括地区津贴、施工津贴和加班津贴等。②生产工人年有效施工天数以外非作业天数的工资，包括职工学习、培训期间的工资，调动工作、探亲、休假期间的工资，因气候影响的停工工资，女工哺乳时间的工资，病假在六个月以内的工资及产、婚、丧假期的工资。

《水电工程费用构成及概（估）算费用标准》（NB/T 11409—2023）对人工费进行了重大调整，将原标准间接费中的职工福利费、劳动保护费、社会保险费、住房公积金、工会经费、职工教育经费调整至人工费中。调整后的人工费指直接从事建筑及安装工程施工作业的生产工人的各项费用，由基本工资、辅助工资、职工福利费、劳动保护费、社会保险费、住房公积金、工会经费和职工教育经费组成。

（1）基本工资由技能工资和岗位工资组成。技能工资指根据不同技术岗位对劳动技能的要求和职工实际具备的劳动技能水平及工作实绩，经考试、考核合格确定的工资；岗位工资指根据职工所在岗位的责任、技能要求、劳动强度和劳动条件的差别所确定的工资。

（2）辅助工资指在基本工资之外，以其他形式支付给职工的工资性收入，由津贴和非作业天数工资组成。其中，津贴指根据国家有关规定属于工资性质的各种津贴，包括地区津贴、施工津贴和加班津贴等；非作业天数工资指生产工人年有效施工天数以外非作业天数的工资，包括职工学习、培训期间的工资，调动工作、探亲、休假期间的工资，因气候影响的停工工资，女工哺乳期的工资，病假在六个月以内的工资及产假、婚假、丧假假期的工资等。

（3）职工福利费包括企业支付离退休职工的补贴、医药费、易地安家补助费、职工退职金，六个月以上病假人员工资，职工死亡丧葬补助费、抚恤费，按规定支付给离休干部的经费，集体福利费、夏季防暑降温、冬季取暖补贴、上下班交通补贴等。

（4）劳动保护费指企业按国家有关部门规定标准发放的一般劳动保护用品的支出。一般性劳动保护用品包括工作服、手套、防暑降温饮料，以及在有碍身体健康的环境中施工的保健食品等。

（5）社会保险费指企业按规定标准为职工缴纳的基本养老保险费、医疗保险费（含生育保险费）、工伤保险费、失业保险费。

（6）住房公积金指企业按规定标准为职工缴存的住房公积金。

（7）工会经费指企业按职工工资总额计提的工会费用。

（8）职工教育经费指企业按职工工资总额的规定比例计提，为职工进行专业技术和职业技能培训、专业技术人员继续教育、职工职业技能鉴定、职业资格认定以及根据需要对职工进行各类文化教育所发生的费用。

2-25 其他直接费包含哪些内容？

《水电工程费用构成及概（估）算费用标准（2013 年版）》规定，其他直接费包括冬雨季施工增加费、特殊地区施工增加费、夜间施工增加费、小型临时设施摊销费、安全文明施工措施费及其他。其中，其他包括施工工具用具使用费，检验试验费，工程定位复测费（施工测量控制网费用），工程点交费，竣工场地清理费，工程项目移交前的维护费等。其他直接费的计费基数均为建筑安装工程的基本直接费，即人工费、材料费、机械使用费之和（安装工程不含未计价装置性材料费）。

《水电工程费用构成及概（估）算费用标准》（NB/T 11409—2023）对其他直接费包含内容作了以下调整：将"安全文明施工措施费"拆分为"安全施工费"和"文明施工费"，其中"安全施工费"根据现场管理需求在施工辅助工程中单独计列为"安全生产措施"，"文明施工费"计入其他直接费的"其他"项中。即其他直接费包含冬雨季施工增加费、特殊地区施工增加费、夜间施工增加费、小型临时设施摊销费及其他。其中，其他包含施工工具用具使用费、检验试验费、工程定位复测费（施工测量控制网费用）、工程点交费、文明施工费、竣工场地清理费、工程项目移交前的维护费等。

 其他直接费中的冬雨季施工增加费包含哪些内容，如何取费？

《水电工程费用构成及概（估）算费用标准（2013 年版）》规定，冬雨季施工增加费指在冬雨季施工期间为保证工程质量和安全生产所需增加的费用，一般包括增加施工工序，增建防雨、保温、排水设施，增耗的动力、燃料，以及因人工、机械效率降低而增加的费用，根据工程所在地按照《水电工程费用构成及概（估）算费用标准（2013 年版）》区域划分对应的计费费率计算，具体数值见表 2-1。

表 2-1　　　　　　　　　　　冬雨季施工增加费费率表

序号	地区名称	计算基础	费率（%）
1	中南、华东	建筑安装工程基本直接费	0.5 ~ 1.0
2	西南（除西藏外）	建筑安装工程基本直接费	1.0 ~ 1.5

续表

序号	地区名称	计 算 基 础	费率（%）
3	华北	建筑安装工程基本直接费	1.0 ~ 2.5
4	西北、东北及西藏	建筑安装工程基本直接费	2.5 ~ 4.0

注：1. 中南、华东、西南（除西藏外）地区中，不计冬季施工增加费的地区取小值，计算冬季施工增加费的地区可取大值。

2. 华北地区的内蒙等较为严寒的地区可取大值，一般取中值或小值。

3. 西北、东北地区中的陕西、甘肃等省取小值，其他省、自治区可取中值或大值；西藏四类地区取大值，其他地区取中值或小值。

4. 四川、云南与西藏交界地区的费率按西藏地区的下限计取。

《水电工程费用构成及概（估）算费用标准》（NB/T 11409—2023）规定的冬雨季施工增加费包含的内容与上述内容一致，计算费率进行了调整，调整后冬雨季施工增加费率见表 2-2。

表 2-2　　　　　　　　　　冬雨季施工增加费费率表

序号	地区名称	计 算 基 础	费率（%）
1	中南、华东	建筑工程基本直接费	0.50 ~ 1.00
		安装工程基本直接费	0.40 ~ 0.80
2	西南（除西藏外）	建筑工程基本直接费	1.00 ~ 1.50
		安装工程基本直接费	0.80 ~ 1.10
3	华北	建筑工程基本直接费	1.00 ~ 2.50
		安装工程基本直接费	0.80 ~ 1.90
4	西北、东北及西藏	建筑工程基本直接费	2.50 ~ 4.00
		安装工程基本直接费	1.90 ~ 3.00

注：1. 中南、华东、西南（除西藏外）地区中，不计冬季施工增加费的地区取小值，计算冬季施工增加费的地区可取大值。

2. 华北地区一般取中值或小值，内蒙古等较为严寒的地区可取大值。

3. 西北地区中的陕西、甘肃等省宜取小值，其他省、自治区可取中值或大值；西藏四类地区宜取大值，其他地区可取中值或小值。

4. 四川、云南与西藏交界地区的费率宜按西藏地区的下限计取。

5. 上述地区所包含城市见费用标准附录 B 地理区域划分表。

其他直接费中的特殊地区施工增加费包含哪些内容？

《水电工程费用构成及概（估）算费用标准（2013 年版）》规定，特殊地区施工增加费指在高海拔、原始森林、酷热、风沙等特殊地区施工而增加的费用。费用标准按工程所在地方有关规定计算，地方没有规定的，不得计算此项费用。

《水电工程费用构成及概（估）算费用标准》（NB/T 11409—2023）对此项费用的规定与上述内容一致。

 其他直接费中的夜间施工增加费包含哪些内容，如何取费？

《水电工程费用构成及概（估）算费用标准（2013 年版）》规定，夜间施工增加费指因夜间施工所发生的夜班补助费、施工建设场地和施工道路的施工照明设备摊销及照明用电等费用，按照建筑工程、安装工程分别选取对应的费率计算，费率见表 2–3。

表 2-3　　　　　　　　　　　夜间施工增加费费率表

序号	计费类别	计 算 基 础	费率（％）
1	建筑工程	建筑工程基本直接费	0.80 ~ 1.00
2	安装工程	安装工程基本直接费	1.00 ~ 1.20

注：有地下厂房和长引水洞的项目取大值，反之取小值。

《水电工程费用构成及概（估）算费用标准》（NB/T 11409—2023）规定的夜间施工增加费包含的内容与上述内容一致，计算费率进行了调整，调整后夜间施工增加费费率见表 2–4。

应急救援器材、设备和应急救援演练费，开展重大危险源和事故隐患评估、监控和整改费，安全生产检查、评价、咨询和标准化建设费，配备和更新现场作业人员安全防护物品费，安全生产宣传、教育和培训费，安全生产适用的新技术、新标准、新工艺、新装备的推广应用费，安全设施及特种设备检测检验费，其他与安全生产直接相关的费用。安全文明施工措施费按照建筑工程、安装工程分别选取对应的费率计算，费率执行《关于调整水电工程、风电场工程及光伏发电工程计价依据中安全文明施工措施费费用标准的通知》（可再生定额〔2022〕39号），按2.5%计取。

《水电工程费用构成及概（估）算费用标准》（NB/T 11409—2023）将"安全文明施工措施费"拆分为"安全施工费"和"文明施工费"，其中"安全施工费"根据现场管理需求在施工辅助工程中单独计列为"安全生产措施"，指为保证施工现场安全作业环境及安全施工所需要，按照国家有关规定和施工安全标准采取的相关措施，包括购置施工安全防护用具、落实安全施工措施、改善安全生产条件、加强安全生产管理等。"文明施工费"计入其他直接费的"其他"项中。

 ## 其他直接费中的其他费包含哪些内容，如何取费？

《水电工程费用构成及概（估）算费用标准（2013年版）》规定，其他包括施工工具用具使用费、检验试验费、工程定位复测费、工程点交费、竣工场地清理费、工程项目移交前的维护费等，按照建筑工程、安装工程分别选取对应的费率计算。

（1）施工工具用具使用费是指施工生产所需不属于固定资产的生产工具，检验、试验用具等的购置、摊销和维护费，以及支付工人自备工具的补贴费。

（2）检验试验费是指施工企业按照有关标准规定，对建筑以及材料、构件和建筑安装物进行一般鉴定、检查所发生的费用，包括自设试验室进行试验所耗用的材料等费用。不包括新结构、新材料的试验费，对构件做破坏性试验及其他特殊要求检验试验的费用和建设单位委托检测机构进行检测的费用。所有施工单位日常的自检，包括现场实验室建设、实验、检验、资质使用相关费用均含在此项费用里。其他费费率见表2-7。

表 2-7 其他费率表

序号	计费类别	计算基础	费率（%）
1	建筑工程	建筑工程基本直接费	1.60
2	安装工程	安装工程基本直接费	2.40

《水电工程费用构成及概（估）算费用标准》（NB/T 11409—2023）规定的其他费内容新增了"文明施工费"，即其他费包含施工工具用具使用费、检验试验费、工程定位复测费（施工测量控制网费用）、工程点交费、文明施工费、竣工场地清理费、工程项目移交前的维护费等，费率调整为表 2-8 所示数值。

表 2-8 其他费率表

序号	计费类别	计算基础	费率（%）
1	建筑工程	建筑工程基本直接费	1.60
2	安装工程	安装工程基本直接费	1.80

 2-32 工程建设监理费包含什么内容，如何取费？

《水电工程费用构成及概（估）算费用标准（2013 年版）》规定，工程建设监理费指建设项目开工后，根据工程建设管理的实施情况，聘任监理单位在工程建设过程中，对枢纽工程建设（含环境保护和水土保持专项工程）的质量、进度和投资进行监理，以及对设备监造所发生的全部费用。建筑安装工程监理、金属结构及机电设备制造监理、环境保护与水土保持技术服务监理、爆破监理费用均包含在工程建设监理费中。工程建设监理费费率按表 2-9 计取。

表 2-9 工程建设监理费费率

序号	计费类别	计算基础	费率（%）
1	工程建设监理费	建筑安装工程费	2.0～2.9
2		工程永久设备费	0.4～0.7

《水电工程费用构成及概（估）算费用标准》（NB/T 11409—2023）规定的建设监理费包含的内容与上述内容一致，取费费率做了如下调整，详见表 2-10。

表 2-10　　　　　　　　　　工程建设监理费费率

序号	计费类别	计算基础	费率（%）
1	工程建设监理费	建筑及安装工程费	2.10～3.00
2		工程永久设备费	0.45～0.75

注：1. 按建筑及安装工程费计算部分，工程规模大的宜取小值，反之宜取大值。

2. 按工程永久设备费计算部分，采用进口设备的项目宜取小值，其他项目根据工程情况选取中值或大值。

 2-33　设计概算中如何考虑爆破安全监测费用？

爆破安全监测一般包括工程建设区对居民环境保护和开挖质量要求高的部位施工期（含爆破试验）的爆破技术咨询，爆破安全监测设计，爆破影响范围监测对象宏观调查及巡视检查，爆破振动、爆破空气冲击波、飞散物等爆破安全监测，爆破监测成果整理和分析。爆破安全监测费为进行爆破作业过程中施工单位的费用，已包含在爆破开挖单价中，设计概算中不再额外考虑。

 2-34　建设单位的工程建设管理费在设计概算中如何体现？

《水电工程费用构成及概（估）算费用标准（2013 年版）》规定，预可行性研究报告审查完成以前（或水电工程筹建前）开展各项工作所发生的费用，计列在工程前期费中。工程前期费包括工程筹建前（预可行性研究及之前）的各种管理性费用，进行规划、预可行性研究阶段勘察设计工作所发生的费用等。

工程筹建（可行性研究）至竣工验收全过程所需的管理费用，计列在工程建设管理费中，包括管理设备及用具购置费、人员经常费和其他管理性费用。其中，其他管理性费用包括土地使用税、房产税、合同公证费、调解诉讼费、审计费、工程项目移交生产前的维护和运行费、房屋租赁费、印花税、招标业务费用、管理用车的费用、保险费、派驻工地的公安消防部门的补贴费用，以及其他属管理性质开支的费用。

《水电工程费用构成及概（估）算费用标准》（NB/T 11409—2023）对工程建设管理费包含内容的规定与《水电工程费用构成及概（估）算费用标准（2013 年版）》有所差异：工程筹建（可行性研究）至竣工验收全过程所需的管理费用修改为从项目核准至竣工验收全过程所需的管理费用；管理设备及用具购置费修改为管理设备及用具使用费；其他管理性费用内容删除土地使用税、房产税、房屋租赁费、派驻工地的公安消防部门的补贴费用，其中土地使用税、房产税含在其他税费中。

 ## 10kV 以上供电工程运行维护费用在设计概算中如何体现？

《水电工程设计概算编制规定（2013 年版）》规定，施工用电价格由基本电价、电能损耗摊销费和供电设施维护摊销费组成，其中基本电价是外购电的基本电价，指按国家或工程供电所在省、自治区、直辖市规定的电网电价和规定的加价，并需支付给供电单位的供电价格（自发电的基本电价，指自备发电设备的单位发电成本）；电能损耗摊销费指从外购电接入点（自发电指从发电设备出线侧）到现场各施工点最后一级降压变压器低压侧止，在所有变、配电设备和输电线路上所发生的电能损耗摊销；供电设施维护摊销费指摊入电价的变、配电设备的基本折旧费、修理费、安装拆除费、设备及输配电线路的运行维护费。因此，10kV 以上供电工程运行维护费用摊销在施工用电预算价格中，该部分运行维护费用剥离按照施工用电电量乘以单位供电设施摊销维护费用。

《水电工程设计概算编制规定》（NB/T 11408—2023）对 10kV 以上供电工程运行维护费用的计取与《水电工程设计概算编制规定（2013 年版）》有所差异，具体规定为：施工供电工程包括从现有电网向场内施工供电的高压输电线路、施工场内 10kV 及以上线路工程和出线为 10kV 及以上的供电设施工程（包括变电站的建筑工程、变电设备及安装工程和相应的配套设施等），根据工程建设需要在现场配备的充电桩、换电站等设施，以及上述工程设施的运行、维护与管理。施工供电价格如采用两部制电价，容（需）电费应在本项下计列。因此，10kV 以上供电工程运行维护费用在施工辅助工程中的施工供电工程计列。

2-36 场内施工供电、供水、供风的设备费是否可以出项计费？

不可以。

《水电工程设计概算编制规定（2013 年版）》规定，施工供电工程是指从现有电网向场内施工供电的高压输电线路、施工场内 10kV 及以上线路工程和出线为 10kV 及以上的供电设施工程，10kV 及以上临时供电线路计列在施工辅助工程中的供电设施工程中，10kV 及以上永久供电线路计列在建筑工程中的其他工程里。变、配电设备的折旧费、修理费、安装拆除费、设备及输配电线路的运行维护费摊入施工用电预算价格中，不单独列项计费。

为生产服务的取水建筑物，水处理厂，水池，输水干管敷设、移设和拆除，以及配套设施费用计列在施工辅助工程中的施工供水系统工程，供水设备费摊入施工用水价格中，不单独列项计算。

施工供风站建筑，供风干管敷设、移设和拆除，以及配套设施等工程费用计列在施工辅助工程中的施工供风系统工程，施工供风设备费摊入施工用风价格中，不单独列项计算。

《水电工程费用构成及概（估）算费用标准》（NB/T 11409—2023）对场内施工供电、供水、供风的设备费的计列规定与上述内容基本一致。

2-37 10kV 以下场内供电线路费用是否可以出项计费？

不可以。

《水电工程费用构成及概（估）算费用标准（2013 年版）》规定，场内风水电支管支线架设拆移费均含在工程单价里，具体包含在其他直接费中的小型临时设施摊销费里。

《水电工程费用构成及概（估）算费用标准》（NB/T 11409—2023）对此项费用的计列规定与上述内容基本一致。

2-38 施工测量控制网费用在设计概算中如何体现?

《水电工程费用构成及概（估）算费用标准（2013年版）》规定，其他直接费里的其他包括施工工具用具使用费、检验试验费、工程定位复测费（施工测量控制网费用）、工程点交费、竣工场地清理费、工程项目移交前的维护费等。故工程测量控制网费用已包含在设计概算综合单价中，不单独出项计列。

《水电工程费用构成及概（估）算费用标准》（NB/T 11409—2023）对此项费用的计列规定与上述内容基本一致。

2-39 勘察费包含哪些工作内容，在概算中怎么计取?

《水电工程勘察设计费计算标准》（NB/T 10968—2022）第5章规定，勘察费是指按国家及行业有关技术标准的要求进行勘察作业准备，完成水电工程预可行性研究报告、招标设计和施工详图阶段勘察工作，以及开展常规科研试验的费用。主要包括：

办理工程勘察相关许可以及购买有关资料的费用；勘察作业与地方的现场协调费用；拆除障碍物以及开挖、恢复地下管网的费用；修通至勘察作业现场道路，接通临时电源、水源以及平整场地的费用；主要勘察作业道路的维护费用；水上作业用船、排、平台费以及水监费；勘察作业大型机具搬运费；青苗、树木以及水域养殖场赔偿费；勘察作业临时征用或占用土地补偿费；勘察单位现场临时生产、生活设施建设和租赁费用；水文气象站建站费及工程开工前的观测费。

勘察费计费额分为两个部分，①以枢纽工程静态投资（不含独立费、增值税、基本预备费）之和为计费额；②以建设征地移民安置补偿静态费用（不含独立费、增值税、基本预备费）之和为计费额。二者之和作为计费额按照《水电工程勘察设计费计算标准》（NB/T 10968—2022）内插计算。

2-40　设计费包含哪些工作内容，在概算中怎么计取？

《水电工程勘察设计费计算标准》（NB/T 10968—2022）第 5 章规定，设计费是指按国家及行业有关技术标准的要求完成水电工程预可行性研究报告、可行性研究报告、招标设计和施工详图阶段设计工作，以及开展常规科研试验的费用，设计费也分为两部分，计费额同勘察费计费额，计算方式同勘察费，按照《水电工程勘察设计费计算标准》（NB/T 10968—2022）内插计算。

基本设计费不含重大及特殊科研试验费、"四新"费用、施工图预算编制费、竣工图编制费、联合勘察协调费和联合设计协调费，上述五项费用若实际发生需单独列项计算。

 2-41　景观绿化在设计概算中如何体现？

景观绿化分为三个部分：①为施工区的绿化工程，该部分费用计列在水土保持专项中的植物措施费；②为业主营地的场坪绿化，该部分费用包含在房屋建筑工程中的室外工程中；③为业主营地景观提升，该部分费用可计列在环境保护专项中的景观保护工程及房屋建筑工程的室外工程中。

 2-42　数字电站、基建数字化管控系统费用在设计概算中如何体现？

《水电工程设计概算编制规定（2013 年版）》规定，为工程建设管理需要所建设的管理信息自动化系统工程（包括管理系统设施、设备、软件等）的费用计列在施工信息管理系统里。《水电工程设计概算编制规定》（NB/T 11408—2023）规定，工程建设管理信息化数字化工程是指建设期为满足工程建设管理需要所实施的信息化数字化项目、智能化建造项目，包括相关设施、设备、软件及建设期电站智能化工程、工程建设管理信息化数字化工程的运行、维护与管理等。计列在施工辅助工程中的工程建设管理信息化数字化工程里；实现电站智能化、智慧化运营而需购置和开发的信息化、数字化和智能化设备、软件及其安装、集成等计列在机电设备及安装工程中的电站智能化设备及安装工程里。

因此，基建数字化管控系统以及数字电站中为建设期服务的项目计列在施工辅助工程中的工程建设管理信息化数字化工程中，数字电站中为运营期服务的项目计列在机电设备及安装工程中的电站智能化设备及安装工程中。

 施工期水文测报费用在概算中如何体现？

为工程施工安全及在工程建成后复核验证工程设计的水文设计参数和运行调度提供降雨、径流、洪水等基础资料，以利于电站的运行调度，有效发挥电站的经济效益和防洪，须在工程流域内规划建设水文、气象观测点，准确及时收集流域内水雨情信息。其中施工期建设及运行的测报系统费用纳入临时水文测报工程，运行期增设的测报系统费用计入运行期成本。

 设计概算中，施工科研试验费、勘察设计费、重大及特殊科研试验费中均有科研试验费，三者有什么区别？

施工科研试验费是用于解决工程技术问题，勘察设计费中的科研试验费是用于开展勘察设计过程中的常规试验，重大及特殊科研试验费是用于科技攻关课题、超常规技术问题研究的费用。

《水电工程费用构成及概（估）算费用标准（2013年版）》规定：施工科研试验费是指在工程建设过程中为解决工程技术问题，或在移民安置实施阶段为解决项目建设征地移民安置的技术问题而进行必要的科学研究试验所需的费用。不包括：应由科技三项费用（即新产品试验费、中间试验费和重要科学研究补助费）开支的项目；应由勘察设计费开支的费用。勘察设计费中的科研试验费用是为勘察设计服务的。《水电工程费用构成及概（估）算费用标准》（NB/T 11409—2023）规定除了将移民部分科学研究试验所需的费用计列至建设征地移民安置补偿费用中去，其余与《水电工程费用构成及概（估）算费用标准（2013年版）》基本保持一致。

《水电工程勘察设计费计算标准》（NB/T 10968—2022）第5.1.2条：设计

费是指按国家及行业有关技术标准的要求完成水电工程预可行性研究报告、可行性研究报告、招标设计和施工详图阶段设计工作，以及开展常规科研试验的费用。

《水电工程勘察设计费计算标准》（NB/T 10968—2022）第 5.1.3.1 条：重大及特殊科研试验费是指重大及特殊科研试验费指承担国家科技攻关课题，以及各勘察设计阶段中因工程需要开展重大、特殊科研试验的费用。重大及特殊科研试验包括特大模型试验，特大生产性试验，超常规、超规范的重大技术问题研究等。

 设计概算中其他直接费、水电工程质量检查监测费均有检验试验费，二者有什么区别？

《水电工程费用构成及概（估）算费用标准（2013 年版）》中对两种检验试验费做了以下区分：

检验试验费：是指施工企业按照有关标准规定，对建筑以及材料、构件和建筑安装物进行一般鉴定、检查所发生的费用，包括自设试验室进行试验所耗用的材料等费用。不包括新结构、新材料的试验费，对构件做破坏性试验及其他特殊要求检验试验的费用和建设单位委托检测机构进行检测的费用。该项费用为施工单位实施过程中日常质量检测的费用。

水电工程质量检查检测费：指根据水电行业建设管理的有关规定，由行业管理部门授权的水电工程质量监督检测机构对工程建设质量进行检查、检测、检验所发生的费用。该项费用为行业主管部门委托产生的检验检测费用。

《水电工程费用构成及概（估）算费用标准》（NB/T 11409—2023）对水电工程质量检查监测费与《水电工程费用构成及概（估）算费用标准（2013 年版）》有所差异具体规定为：指根据水电行业建设管理的有关要求，由有资质的水电工程质量检查检测机构对工程建设质量进行检查、检测、检验所发生的费用，包括不定期巡检、驻站等形式的检查、检测以及委托第三方检测机构进行抽样检查和质量评价。对于需要驻站检查的，驻站费用可单独计列。

石方洞（井）挖通常考虑光面爆破，设计概算在石方开挖单价外，是否需要额外考虑该部分费用？

不需要，设计概算中，石方洞（井）挖单价已综合考虑光面爆破和预裂爆破的措施费用。

《水电建筑工程概算定额》（2007年版）第二章中石方工程说明第十五条：地下洞（井）石方开挖定额各节均已按施工各部位的不同要求，根据施工规范的规定分别考虑了预裂爆破或光面爆破等措施，在使用定额时一般不需调整。如不采用光面爆破，按相应定额乘下表系数。

表 2-11　　　　　　地下石方开挖定额（无光面爆破）调整系数表

项目	断面面积（m²）		
	0~10	10~20	20~40
人工	0.88	0.9	0.92
钻头、钻杆、导线、雷管及炸药	0.85	0.86	0.87
钻孔机械	0.85	0.86	0.87

《水电建筑工程预算定额》（2004年版）第二章中石方工程说明第九条：各节石方开挖定额均已按施工各部位的不同要求，根据施工规范的规定分别考虑了预裂爆破或光面爆破等措施，在使用定额时一般不需调整。如不采用光面爆破，按相应定额乘系数（系数与表2-11一致），编制招标控制价时，若工程量清单将光面爆破、预裂爆破单独出项计费，则石方开挖单价需扣除相应光面爆破和预裂爆破的费用。

 设计概算及招标限价中，石方开挖工程量是否包含超挖工程量？

不包含。但规范允许的合理超挖费用已在概算单价中综合考虑，石方开挖工程量为设计开挖工程量，不含规范允许超挖。

《水电建筑工程概算定额》（2007年版）第二章中石方工程说明第二条：本章定额计量单位，除注明者外，均按自然方计。石方开挖定额的计量，应按工程设计开挖的几何轮廓尺寸计算。根据《水电工程工程量清单计价规范（2010年版）》SD.2.3 第 10 条施工技术规定允许的超挖量及必要的施工附加量所消耗的人工、材料、机械的数量和费用等均已计入定额。

《水电建筑工程预算定额》（2004年版）总说明第七条：本定额均以工程设计几何轮廓尺寸进行计算的工程量为计量单位。即由完成每一有效单位实体所消耗的人工、材料、机械的数量定额组成。不构成实体的各种施工操作损耗和体积变化因素已计入定额；不构成实体的超挖及超填量、施工附加量未计入定额。编制招标限价时，规范允许超挖费用需额外考虑并分摊至石方开挖单价中。

 设计概算及招标限价中，混凝土工程量是否包含超填部分的工程量？

不包含。但混凝土超填措施费用已在概算单价中综合考虑，混凝土工程量按建筑物及构筑物的设计轮廓尺寸计算，不含超填工程量。

《水电建筑工程概算定额》（2007年版）第四章中混凝土及模板工程说明第二条：本章混凝土定额的计量单位除注明者外，均为建筑物及构筑物的成品实体方（m³），应按建筑物或构筑物的设计轮廓尺寸计算；模板定额的计量单位除注明者外，均为满足建筑物体形及施工分缝要求所需的立模面积（m²），即混凝土与模板的接触面积。

混凝土及模板工程说明第八条：现浇混凝土和碾压混凝土定额中已包括混凝土的超填、施工附加、浇筑损耗量及其所消耗的人工、材料、机械，也包括混凝土拌制、运输过程中的材料损耗量。

《水电建筑工程预算定额》（2004年版）总说明第七条：本定额均以工程设计几何轮廓尺寸进行计算的工程量为计量单位。即由完成每有效单位实体所消耗的人工、材料、机械的数量定额组成。不构成实体的各种施工操作损耗和体积变化因素已计入定额；不构成实体的超挖及超填量、施工附加量未计入定额。编制招标限价时，规范允许超填费用如不单独计量则需额外考虑并分摊至混凝土衬砌（回填）单价中。

设计概算及招标限价中，混凝土单价是否包含温控措施费用？

不包含。

《水电建筑工程概算定额》（2007 年版）第四章中混凝土及模板工程说明第四条：混凝土定额不包括加冰、通水、保温等温控措施及费用。设计概算中混凝土温控措施费需单独考虑。

《水电建筑工程预算定额》（2004 年版）第四章中混凝土及模板工程说明第四条：混凝土定额不包括温控的加冰、通水、保温工作及费用。编制招标限价时，混凝土温控措施费用需单独列项计费。

 设计概算及招标限价中，固结灌浆工程量是否包含检查孔的工程量？

不包含。但检查孔相关费用已在工程单价中综合考虑。

《水电建筑工程概算定额》（2007 年版）第七章中基础处理工程说明第二条：本章固结灌浆、帷幕灌浆钻孔均已包含灌浆孔和检查孔的钻孔和冲洗，固结灌浆、帷幕灌浆、回填灌浆、接缝灌浆均已包含灌浆前和检查孔压水（浆）试验、灌浆和封孔。

《水电建筑工程预算定额》（2004 年版）第七章中基础处理工程：检查孔钻孔、压水试验、相关工作内容、灌浆和封孔按照相应预算定额计算单价，编制招标限价时，灌浆检查孔如不单独计量，灌浆检查孔相关费用套用合适定额后可分摊至工程量清单中相应项目的作业单价中。

 设计概算中，安全设施与应急工程投资在设计概算中包含哪些内容，如何体现？

水电建设项目安全设施与应急工程投资包括在主体工程中已计列的具有安全设施与应急功能的工程投资和安全设施与应急工程专项投资两部分。

《水电建设项目劳动安全与工业卫生专项投资编制细则（试行）》（水电规造价〔2007〕0030号）第七条中主体工程中已计列的具有劳动安全与工业卫生功能的工程主要包括：

（1）已列入施工辅助工程等相应项目中的施工期所需的劳动安全与工业卫生工程和措施，主要包括：施工期临时防护工程，施工期排水，施工期防尘、通风系统工程，施工期消防工程，施工期防汛，施工期安全监测，施工现场需配备的必要的应急救援器材、设备，现场作业人员的安全防护物品，施工期安全生产检查与评价，施工人员安全技能培训和进行应急救援演练等。

（2）已列入永久工程项目中的电站生产运行期所需的劳动安全与工业卫生工程和措施，主要包括：防溃坝、防洪水、防淹没、防泥石流、滑坡治理措施，防噪声及防振动，防机械伤害，防坠落伤害，防火、防爆、防电气伤害，防雷击、防尘、防污、防腐蚀、防毒、防潮、防射频辐射措施，采暖通风、采光照明措施，水文、水情、泥沙监测、地震监测、安全监测设施等。其中属于土建工程的项目已列入建筑工程中，属于设备和安装工程的项目已列入机电设备及安装工程中。

《水电工程设计概算编制规定》（NB/T 11408—2023）规定设计概算中安全设施与应急设施专项投资分为两部分：①在建筑工程中计列"安全设施与应急工程"，指专项用于避免和应对危险有害因素、治安恐怖袭击及突发事件，实现劳动安全、职业健康、治安反恐和应急目的而建设的永久性建筑工程设施。主要包括安全设施、职业病防护设施、治安反恐防范和应急设施等费用；②在机电设备及安装工程中计列"安全设施与应急设备及安装工程"，指专项用于避免和应对危险有害因素、治安恐怖袭击及突发事件，实现劳动安全、职业健康、治安反恐和应急目的而购置的安全与应急设备、仪器及其安装、率定等费用。

第三篇

籌建篇

合同管理流程如何？

合同管理包括合同起草、合同审核、合同签订、合同履行和合同文件归档等内容。

（1）合同起草：通过招标、谈判、询价等方式确定合同对方当事人，合同承办部门根据采购文件、应答文件，以及采购结果起草合同。

（2）合同审核：合同承办人提供合同文本以及签约依据，发起合同审核流程，经相关部门流转审核。

（3）合同签署：合同文本流转完成后，合同承办部门负责办理合同装订、送签和用印；合同由单位法定代表人（负责人）签署；合同承办部门持经审核会签并由法定代表人（负责人）或被授权人签署的合同文本到合同归口管理部门或合同专用章保管及使用部门申请用印。合同归口管理部门或合同专用章保管及使用部门应制作合同用印台账，由合同承办部门按要求登记后予以用印，多页合同应加盖骑缝章。

（4）合同履行：合同承办部门负责收集合同履行过程中相关结算资料。

（5）合同文件归档：合同承办部门负责合同文本等相关材料的收集、整理，并按档案管理相关规定向本单位档案管理部门移交归档。合同文本等相关材料归档后由本单位档案管理部门保管。

当抽水蓄能电站部署信息化管理系统时，合同管理流程可在信息系统中实现，合同管理一般流程示意见图 3-1。

合同审核管理一般流程如何？

合同审核管理流程与项目单位组织机构设置和部门职能划分情况相关，合同审核一般流程举例如下：

（1）合同承办人负责起草合同文本，并通过合同管理信息系统发起合同审核流程（由于客观条件限制，暂时无法开通合同管理信息系统的筹建单位，可以采用纸质方式进行合同审核，条件具备后，应及时开通合同管理信息系统，并在合同管理信息系统中审核会签全部合同）。

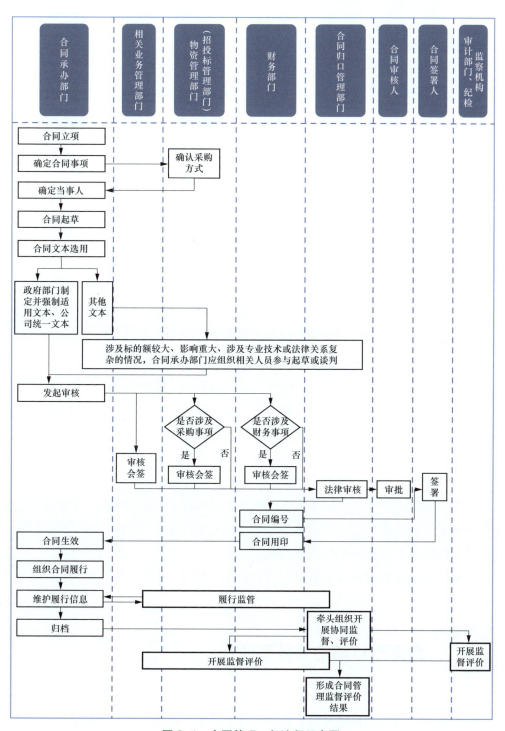

图 3-1　合同管理一般流程示意图

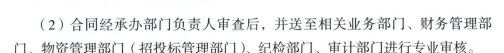

（2）合同经承办部门负责人审查后，并送至相关业务部门、财务管理部门、物资管理部门（招投标管理部门）、纪检部门、审计部门进行专业审核。

（3）专业审核完成后，由合同归口管理部门进行法律审核。

（4）合规审核完成后，由分管领导、总会计师（或财务分管领导）、本单位主要负责人进行审批，其中总会计师（或财务分管领导）是合同审核必经环节。

（5）合同审批完成后，合同归口管理部门进行合同编号，合同承办人确认合同生效，结束合同审核流程。

 ## 合同审核主要内容包括什么？

合同审核是按照法律法规以及招标需求对合同内容、格式进行审核，主要通过合同条款审查、文字审查、合法性审查、涉它权力审查等方式，判定合同主体是否合法、合同内容是否合法、合同条款是否完备、合同文字是否规范、合同签订的手续形式是否完备。

判定合同主体是否合法应审查合同签订当事人是否是经过有关部门批准成立的法人、个体工商户；是否具备与签订合同相应的民事权利能力和民事行为能力的公民；法定代表人或主管负责人的资格证明；代订合同的要审查是否具备委托人的授权委托证明，并审查是否在授权范围、授权期限内签订合同；有担保人的合同，审查担保人是否具有担保能力和担保资格。

判定合同内容是否合法时应重点审查合同内容是否损害国家、集体或第三人的利益；是否有以合法形式掩盖非法目的的情形；是否损害社会公共利益；是否违反法律、行政法规的强制性规定。

合同条款完备性审查应确定合同条款有无遗漏，各条款内容是否具体、明确、切实可行。

 ## 合同签订前的重要事项？

项目单位在确定中标单位后，合同谈判前，应及时组织专业人员对中标单位的投标文件进行分析梳理，尤其要对报价清单、单价分析表、基础价格等进行逐项梳理，对明显出现报价错误、基础价格计算与单价分析表不一致、其他计价错误等事项，应在合同谈判时与对方商谈取得一致处理意见，为后期合同顺利执行提供保障。

 招标控制价管理要求如何？

招标控制价是招标人根据国家或省级、行业建设主管部门颁发的有关计价依据，以及拟定的招标文件和招标工程量清单，结合工程具体情况编制的招标工程的最高投标限价。国有资金投资的建设工程招标，招标人必须编制招标控制价。招标控制价应由具有编制能力的招标人或受其委托具有相应资质的工程造价咨询人编制和复核。招标人在发布招标文件时公布招标控制价。

在管理实践中，项目单位应该结合招标批次计划统筹安排限价编审工作，并结合项目特征、工程实际情况、地质条件、外部因素等选择合适的施工方案、施工机械设备后进行编制。在招标限价编制前需明确限价编审责任人，编制过程中落实编制、校对、审核、审批四级审核制度，编制完成后对招标控制价编制报告电子版、经四级审核签章后的限价报告扫描件、已标价工程量清单、招标项目分标概算等全套资料进行归档。对招标控制价与同口径概算差异较大的项目应深入开展分析，寻找差异原因，确保限价成果科学合理。

 采用工程量清单计价方式招标，有哪些注意事项？

招标工程量清单是招标人依据国家标准、招标文件、设计文件以及施工现场实际情况编制的，随招标文件发布供投标报价的工程量清单，包括其说明和表格。招标工程量清单应由具有编制能力的招标人或受其委托、具有相应资质的工程造价咨询人编制。招标工程量清单必须作为招标文件的组成部分，其准确性和完整性应由招标人负责。招标工程量清单是工程量清单计价的基础，应作为编制招标控制价、投标报价、计算或调整工程量、索赔等的依据之一。

抽水蓄能招标工程量清单由一般项目（措施项目）、分部分项工程项目、其他项目清单组成。对一般项目中的总价项目应编制总价承包项目分解表；分部分项工程项目应编制工程量清单综合单价分析表。综合单价由直接费（人工算起。

（3）以质量为计量单位的帷幕灌浆、固结灌浆工程量按充填岩体裂隙和钻孔的净水泥质量（t）计量。

（4）回填灌浆、接触灌浆的钻（扫）孔工作内容，包括在回填灌浆和接触灌浆单价中，不再单独计列。

5. 土石方填筑工程工程量注意事项

坝体填筑工程量按设计几何轮廓尺寸计算，项目完工后由于坝体沉陷而预留的设计工程量另行计算。施工削坡、雨后清理、施工期沉陷等因素发生的工程量不在设计支付工程量之中。

6. 混凝土工程工程量注意事项

（1）混凝土工程量按建筑物设计几何轮廓线进行计算，不扣除体积小于 $0.3m^3$，或截面积小于 $0.1m^2$ 孔洞和金属件、预埋件占去的空间，也不另增加因埋设上述部件而增加的土建施工费用。除另有规定外，预埋混凝土构件不另计算。

（2）钢筋工程量不包括搭接、架立筋及施工操作损耗的质量。各类损耗、搭接、架立等均包含在单价中，不另行支付。单价中包括钢筋材料的供应、加工、安装、质量检查和验收等费用。

（3）普通混凝土模板分摊在每 m^3 混凝土单价中，不单独计量。特殊模板以立模面积（m^2）计量，该立模面积为混凝土与特殊模板的接触面积。

 招标文件编审常见管理问题？

招标文件编审过程中常见的管理问题有：未根据工程特点选择适用的招标文件及合同范本（或不是最新版本范本）；招标文件专用条款设置未及时执行国家的政策规定，如保证金设置问题；招标文件未能根据审查意见全面修改，导致后期执行存在纠纷；部分条款设置过于刚性且不易执行带来后续审计风险，如要求无实质性工作人员必须在场固定天数；招标文件技术条款和工程量清单与管理要求不一致，如按公司管理规定对植物单株价值有限制，而工程量清单中植物胸径、树高等特征要求的树种明显超过规定；招标文件未明确资源提供方式带来合同执行风险，如"施工用电"未在招标文件中说明电的来源，也未说明选取方式，只简单让承包商自行考虑，承包商难以报出合适价格，待合同执行时影响工程实施；工程量清单不完整、不严谨，部分项目工程量清单缺项、漏项，项目特征未按照《水电工程工程量清单计价规范》规定编制，如技术要求是碎石回填，工程量清单是石渣填筑；灌浆项目特征中未描述水泥耗量或超灌标准等；工程量清单与技术文件描述不对应、不匹配，如工程量清单中有列项，但技术文件中描述不清晰、不具体。

招标文件编制重点注意事项？

1. 环水保问题

招标文件工程量清单中关于环水保工程多为总价承包项目，投标单位对以总价项目计列的环水保项目报价普遍偏低，在合同执行时承包单位又因环水保总价项目价格较少不愿进行环水保投入，以致环水保工程难以达到政府主管部门验收要求。

随着国家对环保要求的提高，边坡覆盖、洒水、围挡工作量增加较多，宜在编制招标文件时尽量按照清单出项，据实进行计量。

2. 明线征地问题

招标文件中经常有类似描述"承包人因施工需要或承包人原因，征地超出本工程永久征地和临时征地线涉及到的全部费用由承包人自行承担"，但实际施工过程中由于存在施工区设计未考虑通道问题，施工单位需补征的面积远远超过其承担范围，导致后期合同难以执行。

3. 工期问题

招标文件中工期应考虑招标时间，签订合同时间和现场实际情况等多种因素。部分项目只考虑施工单位进场准备一个月即开始施工，未考虑征地、炸药审批等政策因素，易增加实际执行难度。

4. 政策调整

如 2022 年 7 月 20 日《工业和信息化部安全生产司关于进一步做好数码电子雷管推广应用工作的通知（工安全函〔2022〕109 号）》要求："除保留少量产能用于出口或其他经许可的特殊用途外，2022 年 6 月底前停止生产、8 月底前停止销售除工业数码电子雷管外的其他工业雷管"。因此在相应阶段编制招标文件时应明确规定考虑电子雷管。

 招标限价编制时超挖超填费用如何考虑?

超挖超填费用确定主要分为以下几种情况:

（1）规范允许的超挖、超填。在招标文件中约定规范允许的超挖超填范围，规范允许的超挖超填费用应含在石方开挖及混凝土衬砌（回填）单价中，根据《水电建筑工程预算定额》（2004 年版）第二章及第四章中定额相关说明综合考虑。

（2）地质原因引起的超挖、超填。不可预见的地质原因引起的石方超挖、超填，应单列工程量清单项，并基于《水电建筑工程预算定额》（2004 年版）选取合适预算定额组价计列。

（3）非地质原因引起的超规范允许的超挖、超填费用建议由承包人自行承担，发包人不另行支付，招标限价中不考虑该部分费用，如遇竖井、平洞弯段、高边坡开挖预留台阶所发生费用较大的技术超挖的，可结合招标文件要求单列费用。

 如何结合现场实际情况合理划分标段?

抽水蓄能电站建设工期长、任务重，标段划分应与现场条件、项目管理等因素高度契合。标段划分：①可以按照承包商资源量划分标段，以形成一定的竞争格局，利于优选承包人。当出现卖方市场时，也可以合并部分标段，以大标段吸引承包人投入优质资源。②按照单位工程划分原则划分标段，这样可以使招标标段在实施过程中，与施工验收规范、质量验收标准、档案资料归档要求保持一致，划清各方责任界限。此种方式分标时要注意与相邻工程界面的衔接，以及时序的衔接。如部分电站存在通风兼安全洞工程的路面完善工程需等主厂房施工完毕后实施的现象，影响标段按时完成标段结算。

如何加强招标文件编审？

项目公司应认真审查招标文件，结合项目其他合同执行发现的问题进行修改和完善。①复核工程量清单与技术条款的一致性。对技术条款中可能涉及工程量、报价的条款进行复核，检查工程量清单项目特征是否满足报价要求，是否存在与对应的技术条款不一致或矛盾。②做好工程量及材料耗量分析。加强土石方平衡、混凝土总量、材料耗用量分析，避免因工程量或材料量变化导致合同最终结算额偏差过大。③确保招标文件与设计深度匹配。招标设计深度不满足报价要求的项目以暂估价的形式列项，避免报价偏差；总价项目应在招标技术条款中列明工作范围、内容和要求；可计量的措施项目尽量按清单出项。④在招标文件发布后，认真审核澄清补遗文件，包括附件文件。注意工程量清单修改需整份替换，在每次修改时只允许修改有问题部分并告知，不得擅自修改其他内容。工程量清单修改替换较大，超过 ±3% 时，需同时修改招标控制价。

 如何合理确定招标控制价？

招标控制价是业主能接受的最高价格，是评标的重要依据，合理确定招标控制价能有效防止恶性投标带来的投资控制风险。工程量清单、招标文件、地质资料是编制招标控制价的基础资料，招标文件条款清晰合理、清单项目准确、项目特征描述清晰是保障招标控制价合理的前提。①要根据工程性质，选择合适的定额并充分考虑市场因素，合理确定基础材料价格；②对于特殊工艺或"四新"技术相关清单应与工程和设计人员充分沟通，避免主观臆断；③引入审查机制，选取有经验的专家对限价编制成果进行充分审查，确保编制成果客观合理。

 招标控制价编审时总价项目与清单单价项目重复计费如何处理？

工程量清单计价模式中的单价为综合单价，包括直接费、间接费、利润、税金，其中直接费由人工、材料、机械费和其他直接费构成。总价项目中的

"工艺措施费""大模板使用摊销费""质量验评数码影像建档费"等在综合单价费率中已包含，当总价项目单独计列时，清单项目需扣减，避免重复计费。

 合同谈判阶段常见注意事项有哪些？

合同谈判前详细对比投标报价和招标控制价的清单明细，对于单价明显异常的项目应纳入谈判内容，在投标人澄清后调整为合理的合同单价，或对严重不平衡报价项目约定工程量出现变化时的价格调整方法。

合同谈判阶段主要注意事项包括就投标文件未明确相应招标文件的内容（包括人材机资源的投入、场地水电等条件提供、与相关方的协调配合、建设管理程序等方面）进行协商，对招、投标文件中表述不清晰的内容进行澄清，就开工前相关准备工作进行协商。合同谈判应重点关注以下商务问题，包括明确价格调整有关规则、索赔处理的有关标准、总价项目的支付等问题，减少合同执行过程中的风险和纠纷，并确保各方权益得到保护。

 建设征地移民管控要点有哪些？

（1）可行性研究阶段对用地范围（红线图）要尽可能精细、准确，即要求地形勘测、工程布置设计方案应精细，对工程总平面布置要经过详细审查，确定永久用地范围和临时用地范围和期限，特别是临时用地范围，尽量减少临时用地，为了工程需要布置临时道路和渣场，尽量一次性考虑，一次性完成临时用地征用，避免分期分批。

（2）可行性研究阶段应将地类性质核对清楚，深入核对国土"三调"数据和林业"一张图"中林地数据，避免出现林业审批林地面积与国土数据中林地面积不一致的情况，若出现林业审批林地面积大于国土数据中林地面积，则项目单位森林植被恢复费多缴；若林业审批林地面积小于国土数据中林地面积，则林业审批手续需重新补充办理，造成用地手续办理时间延长。

（3）可行性研究阶段的移民安置方案要做细、做实，完成土地面积分解到户，并要求地方政府出具正式文件确认。实施阶段，不应对安置方案进行大幅度的调整。

（4）可行性研究和实施阶段都要及时收集、研究当地全部的征地移民相关政策，在可行性研究阶段对一些政府可能变化的项目和费用标准应尽可能确认、锁定（签协议），避免针对本电站项目的一些恶意调整。

（5）实施阶段，征地移民工作要力求快、清、全。快，就是进度要快，土地报批材料要提前准备，核准后尽早组卷上报，并全程跟踪审批工作进展。清，就是移民搬迁和地面附着物清理要清清爽爽，不留尾巴，所有问题要一次了断，尤其是房屋建筑，做到搬走一家拆除一家，严禁保留移民住房自留使用，避免移民返乡。全，就是一次性全面办理，不要分批分阶段实施，所有征地要求政府一次性办理、移交（即便3、4年后才能用的地），以便政府一次性投入人力物力全部完成。尤其是分期分批次需要的临时用地，充分论证其必要性。

（6）实施阶段要加强与政府和移民实施机构的沟通、督导，对于一些实际问题要本着实事求是的原则尽早地解决。

（7）移民专项验收工作要尽可能早地完成。一些临时用地复垦工作尽可能包干给政府，以利于在移民完成后尽早完成该专项验收。

（8）关于与地方政府共建的进场道路和复建项目。项目公司要在可行性研究阶段对共建道路、复建项目的设计标准、设计方案、概算费用进行认真细致的审查，确保与实际需求相符，履行决策审批程序。

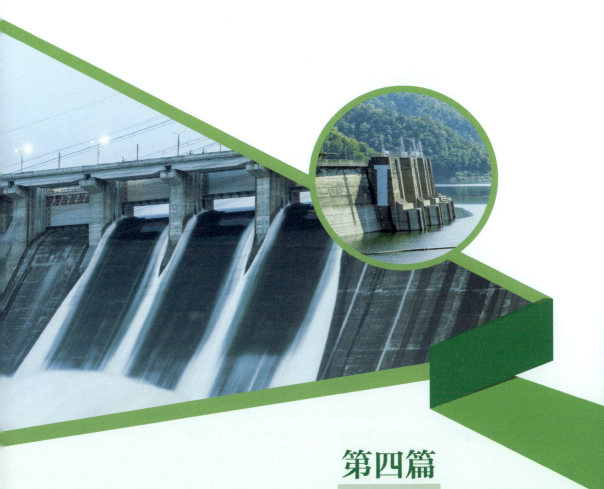

第四篇

实施篇

工程类合同结算管理一般流程如何？

合同结算管理流程通常包括以下几个环节：

（1）承包人整理结算工程量，向监理单位发出结算申请，监理和业主工程部或机电部（物流中心）进行审核。

（2）承包人填报月度结算报表上报监理单位。

（3）监理单位审核工程量及单价并签署意见，报工程部或机电部（物流中心）。

（4）工程部或机电部（物流中心）复核工程量，并提出质量、进度考核意见送计划合同部，安全监察部提出安全文明施工考核意见报计划合同部。

（5）计划合同部专职人员对合同单价及合价、变更单价及合价、索赔费用等进行复核，部门领导签署意见。

（6）计划合同部将结算报表报请公司分管领导审查，总经理批准。

（7）承包人根据合同结算款项，开具相应金额发票，交公司财务部；计划合同部专职人员发起合同支付审批会签流程。

（8）财务部办理工程款支付，并做好相应的财务管理。

（9）计划合同部专职人员建立承包人合同结算管理台账（见图 4-1）。

 工程预付款结算管理流程如何？

工程预付款结算管理流程一般为：

（1）承包人按照合同规定，具备预付款支付条件的，提交支撑材料，提出工程预付款支付申请。

（2）监理单位审核并签署意见，报业主计划合同部。

（3）业主计划合同部牵头，与相关部门会审，判断是否具备支付条件。

（4）计划合同部审核工程预付款申请金额，汇总有关资料，提出支付审批会签，经各部门会签后，报分管领导审核、总经理批准。

（5）承包人根据预付款结算金额，开具相应收据，交计划合同部，计划合同部连同经审批的支付资料报送财务部。

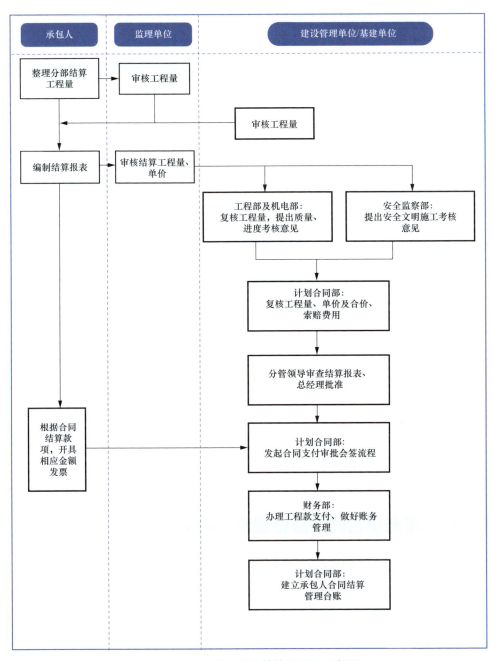

图 4-1 工程类合同结算管理流程示意图

（2）物资到货交接后，机电部（物流中心）组织监理单位（如有）、施工单位（如有）、工程部和供应商对物资进行到货验收。满足条件的，签署物资到货交接验收单。

（3）供应商根据到货交接验收单所列到货项目的合同价格，开具相应票据，向机电部（物流中心）提交货物费用支付申请。

（4）机电部（物流中心）按照合同条款审核应结算金额，汇总有关资料，提出支付审批会签，经各部门会签后，报分管领导审核、总经理审批。

（5）财务部支付物资合同款，并做好相应的账务管理工作。

（6）机电部（物流中心）建立物资合同支付管理台账（见图 4-4）。

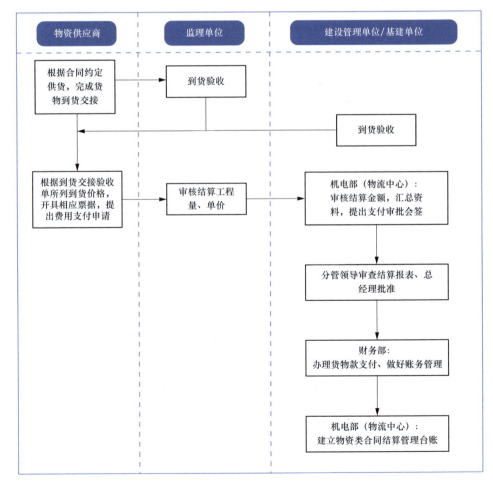

图 4-4　物资采购类合同结算管理流程示意图

工程甲供材核销、结算管理流程如何?

工程甲供材核销、结算管理一般流程为:

(1)承包人在月度完成工程量计量结束后,按相关规定对月度甲供材料消耗量进行分析,计算出各种甲供材料月度消耗量,随进度报表一并上报监理单位进行审核。

(2)监理单位收到承包人上报的月度甲供材料消耗量材料后,对承包人上报的甲供材料进行审核,并提出审核意见和扣款意见,随进度结算报表一并上报发包人进行审核。

(3)发包人机电部(物流中心)负责统计每批次甲供材料的领用情况,负责审定经监理单位审核的每批次甲供材料的月度实际使用情况,负责依据审定的各批次甲供材料月度实际使用量计算该批次应扣材料款项。机电部(物流中心)计算的应扣材料款项额报给计划合同部会审。

(4)计划合同部门根据机电部(物流中心)提出的扣款意见,在结算报表中一并进行结算。

(5)发包人财务部门根据计划部门提出的结算意见进行支付扣款。

(6)对发生的超额领用量按年度进行处理,对欠耗量在完工结算时进行处理。

(7)对年度核销、工程总体核销审核流程与月度结算一致,工程总体核销随完工结算一并上报、审核。

(8)施工合同完工验收后,施工承包商应对承担的标段合同进行工料分析。为确保工程质量,甲供材料原则上不允许欠供,如分析发现甲供材料存在超、欠供情况,需进行详细分析,特别是出现欠供情况时,应针对欠供材料再次进行工料分析,工料分析报告须经监理单位及计划合同部审核。

(9)施工承包商根据工料分析结果及材料用量对账情况向监理单位上报标段完工甲供材料核销申请,申请须附相关支持性文字材料。

(10)业主计划合同部负责审定经监理单位审核的甲供材料核销申请,根据审定情况编写标段完工甲供材料核销报告报分管领导核定甲供材料核销报告。核销报告应结合合同条款约定对超供材料提出具体扣款意见,并会同机电部(物流中心)对欠供材料作出具体分析和说明。

（11）分管领导核定甲供材料核销报告后，由总经理批准标段甲供材料核销报告。

（12）财务部根据总经理核定的甲供材料核销报告在标段完工结算中扣回超供材料款（见图 4-5）。

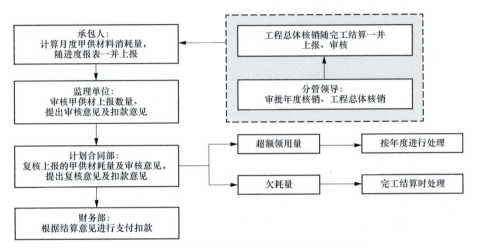

图 4-5　工程甲供材核销、结算管理流程示意图

 设计变更管理流程如何？

根据《国家能源局关于印发水电工程勘察设计管理办法和水电工程设计变更管理办法的通知》（国能新能〔2011〕361号）附件二《水电工程设计变更管理办法》第五条规定，设计变更应坚持科学求实的原则，符合国家有关法律法规和工程建设强制性标准的规定，做到先论证、后审查（或审核）、再实施。设计变更应以确实需要、确保工程本质安全和质量，兼顾工程进度、造价等为基本原则。

设计变更是指在招标设计阶段和施工详图阶段，对审定的工程主要特征参数、工程设计方案和移民安置方案等所进行的改变，包括调整、补充和优化。

设计变更分为一般设计变更和重大设计变更。重大设计变更是指涉及工程安全、质量、功能、规模、概算，以及对环境、社会有重大影响的设计变更。除此之外的其他设计变更为一般设计变更。

设计单位应结合工程建设实际，复核工程设计方案和主要参数，及时提出必要的设计变更文件。项目业主、监理单位和施工单位提出变更设计的建议，设计单位应考虑施工水平和管理水平的影响，对变更设计的建议进行技术、经济论证，确需变更的，由设计单位编制设计变更文件。

严禁借设计变更变相扩大工程建设规模、增加建设内容，提高建设标准；严禁借设计变更，降低安全质量标准，损害和削弱工程应有的功能和作用；严禁肢解设计变更内容，规避审查。

1. 重大设计变更

重大设计变更文件应达到或超过可行性研究阶段的深度要求。内容主要包括：①工程概况；②重大设计变更的缘由和必要性、变更的项目和内容、与设计变更相关的基础资料及试验数据；③设计变更与原勘察设计文件的对比分析；④变更设计方案及原设计方案在工程量、工程进度、造价或费用等方面的对照清单和相应的单项设计概算文件；⑤必要时，还应包含设计变更方案的施工图设计及其施工技术要求。

重大设计变更管理流程：①设计单位提出重大设计变更，编制重大设计变更专题报告，专题报告应包括工程概况、变更原因及依据、可行性和必要性、方案论证比选、设计变更图、工程量及设备材料清单、变更投资变化等。②项目公司组织内审，并委托具有相应资质的咨询机构进行审查（咨询），监理单位和施工单位参加审查，形成《重大设计变更审查会议纪要》经计划合同部、分管领导、总经理会签批准后，上报上级单位。③上级单位组织审核或专题审查会，形成审核意见批准重大设计变更。④设计单位组织落实复审意见并正式行文报原审查单位审查，项目公司工程管理部门组织设计单位出具设计变更文件并转发监理单位实施变更（见图4-6）。

经审定的重大设计变更一般不得再次变更。确需再次变更的，业主单位需组织设计单位先进行必要性论证，报原审查单位同意后，再行编制设计变更文件，履行相关程序。

2. 设计单位提出的一般设计变更

一般设计变更是指除重大设计变更之外的设计变更。分为设计单位提出的一般设计变更和非设计单位（项目公司、监理单位、施工单位）提出的一般设计变更。

设计单位提出的一般设计变更管理流程：①设计单位提出并编制设计变更修改

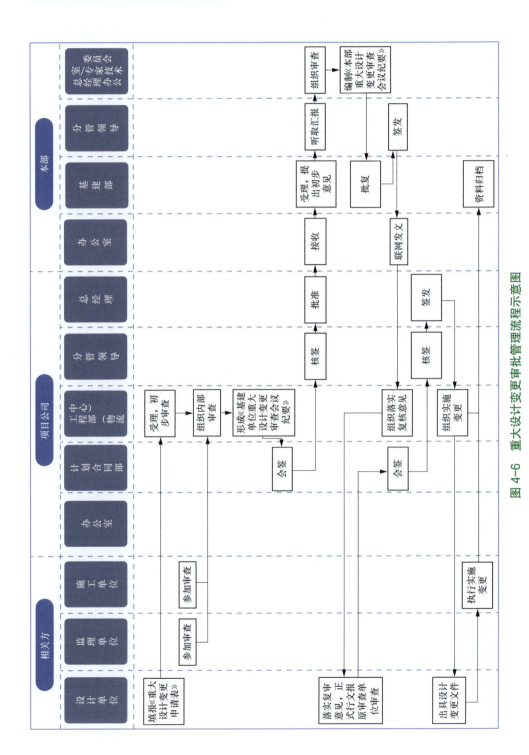

图 4-6 重大设计变更审批管理流程示意图

通知单，变更中应详细说明变更原因及依据、可行性及必要性，估算变更工程量和费用；②监理单位审核、会签变更文件，结合现场实际复核是否存在错、漏、碰、缺等，对变更的可行性及必要性、变更原因是否充分、估算变更工程量和费用是否合理、附图是否有误等进行审核，签署意见并盖章后提交项目公司；③项目公司工程部、计划合同部对设计变更进行审核，必要时可委托具有相应资质的咨询机构进行评审（咨询），经书面回复确认后方可正式发出变更文件；④项目公司相关部门审核批准后经监理单位下发组织实施；⑤工程管理部门进行资料归档（见图4-7）。

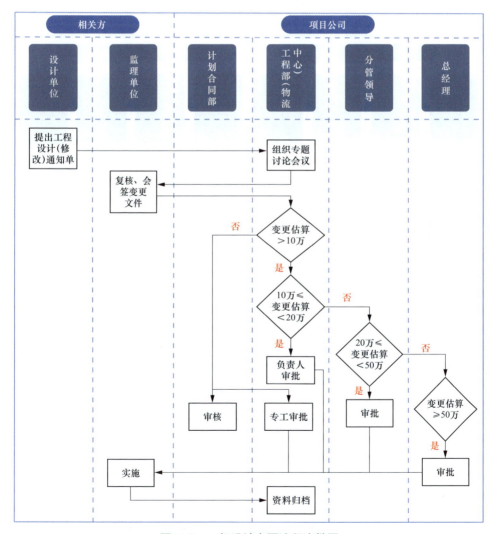

图 4-7　一般设计变更流程审批图

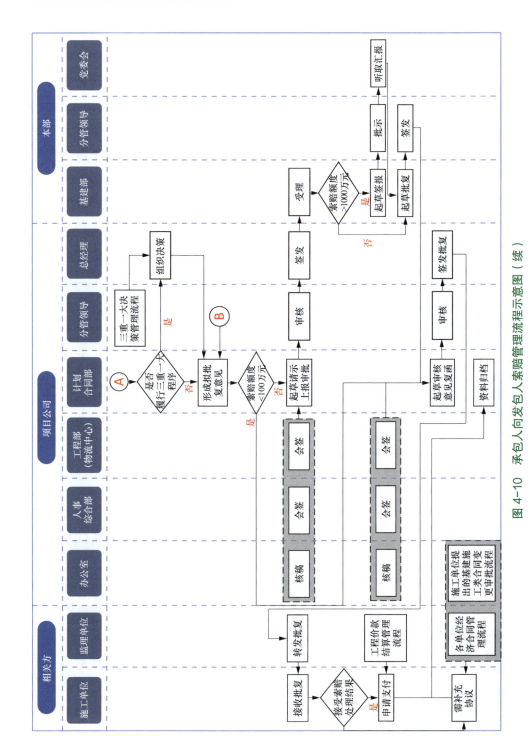

图 4-10 承包人向发包人索赔管理流程示意图（续）

求；明确竣工结算审核时间要求及审核配合时间要求；明确竣工结算资料及文件格式、内容标准要求。

（3）加强项目管理：建立科学的项目管理体系，包括项目计划、进度控制、质量管理等，及时发现和解决施工过程中的问题，确保项目按时、按质完成。

（4）制定合理竣工验收计划和竣工结算计划。项目公司工程部门（机电部）应制定标段项目竣工验收年度计划和竣工结算进度计划，分期推进竣工结算，提高对索赔的处理效率；收到竣工结算资料先做竣工结算资料初步审查、工程合同审查；根据竣工结算内容选用合适的工程造价审核方法。

（5）加强人员配置。监理单位应督促施工单位加强造价人员配备，加强对档案资料管理的检查和指导；审核中严格按公司标准规定把关。

 ## 如何提高工程量计量的规范性和严谨性？

主要可以从以下几个方面提高工程量计量的规范性和严谨性：

（1）熟悉相关的法律法规和标准：了解国家和地方的法律法规以及相关的计量标准，确保在计量过程中符合规定。

（2）建立规范的计量流程：制定明确的计量流程和操作规范，包括计量的起止时间、计量的方法和工具、计量数据的记录和存档等，确保计量过程的规范性和一致性。

（3）建立完善的计量档案：建立工程量计量的档案系统，包括计量的依据文件、计量的过程记录、计量结果的核对和审查等，确保计量过程的可追溯性和可验证性。

（4）加强人员培训和管理：提供必要的培训，使计量人员熟悉计量的方法和要求，确保其专业素质和操作技能。同时，加强对计量人员的管理和监督，确保其遵守规范和操作规程。

（5）引入先进的计量技术和设备：采用先进的计量技术和设备，提高计量的准确性和精度，减少人为因素的干扰。

（6）加强质量控制和质量审核：建立质量控制和质量审核机制，对计量过程进行监控和检查，确保计量结果的准确性和可靠性。

（7）加强与相关部门的沟通和协调：与设计、施工、造价等相关部门保持密切的沟通和协调，共同解决计量过程中的问题和争议，确保计量结果的一致性和可信度。

4-11 如何避免施工签证管理不规范，提高工程量计量准确性？

（1）主体标合同签订后，由招标文件的主要编制人员对参与合同执行的施工单位、监理单位、项目公司进行合同交底，对计量支付条款讲解交底。

（2）加强从业人员的职业素质教育，强化责任意识。

（3）对监理的测量及计量成果定期进行抽查复核，发现问题要求整改，将工程量及单价审核质量纳入监理合同考核，设置相关考核条款，提高监理审核工程量及变更单价的准确性。

（4）督促监理人履职尽责，要求其建立工程量台账，做好监理日志和工程验收等有关工作，防范计量风险。

（5）及时收集工程施工过程中的有关资料，做好工程日志记录，建立工程计量台账，防范计量风险。

（6）运用现代化手段，对跟踪验收过程进行影像取证，收集第一手资料，以便应对合同争议。

4-12 如何提高新增单价计费合理性？

监理审核的变价过程中可能会出现新增单价定额套用、费率选取、材料计取不准确，单位与单价不匹配，单价与现场实际不符，重复计费等问题，导致新增单价计费不合理，要求项目公司加强对监理单位的管理，主要可从以下几个方面加强管理：

（1）项目公司结算、变更审核过程中主要依赖于监理单位，由于现场监理处理造价事务的人员主要以水电造价为主，其他房建、市政、交通、电力、绿化专业的造价人员配备不足，现场审核人员难以胜任对本专业以外的造价工作。需要求监理单位配备具有熟悉掌握多专业造价专业知识的造价工程师。其次可以聘请第三方造价咨询单位参与过程的变价审核，多道环节进行把关。

（2）要求切实做好变价审核的质量流程把控，将结算、变更单价审核质量纳入监理合同考核，设置相关奖惩条款，提高监理审核结算、变更单价的准确性及工作责任心。

4-13　如何避免总价项目计量结算与实际进度偏差大？

（1）确定合理的计量周期：根据项目的特点和工程进度，合理确定计量周期，避免过长或过短的计量周期导致计量结果与实际进度偏差大。

（2）加强现场监督和检查：加强对工程施工现场的监督和检查，确保工程进度的真实性和准确性。及时发现和纠正进度偏差，避免进度偏差累积导致计量结果与实际进度偏差大。

（3）根据施工组织设计，合理编制总价项目支付分解表，实施过程中严格按照分解表支付进度款。

4-14　如何避免安措费结算项目超出规定使用范围？

安措费结算属于实报实销，结算过程中需要提供支撑材料方可结算，承包人未将安措费足额及时结算，可能会将不属于安措费或者与安措费概念容易产生混淆的投入纳入安措费。项目公司需要对参与安措费计量计算的人员进行专项培训，学习合同的约定以及安措费使用相关的管理手册等文件，规范安措费的使用。

"财政部、应急部关于印发《企业安全生产费用提取和使用管理办法》的通知"（财资〔2022〕136号文）约定，企业安全生产费用可由企业用于以下范围的支出：

（1）完善、改造和维护安全防护设施设备支出（不含"三同时"要求初期投入的安全设施），包括施工现场临时用电系统、洞口或临边防护、高处作业或交叉作业防护、临时安全防护、支护及防治边坡滑坡、工程有害气体监测和通风、保障安全的机械设备、防火、防爆、防触电、防尘、防毒、防雷、防台风、防地质灾害等设施设备支出。

（2）应急救援技术装备、设施配置及维护保养支出，事故逃生和紧急避难设施设备的配置和应急救援队伍建设、应急预案制修订与应急演练支出。

（3）开展施工现场重大危险源检测、评估、监控支出，安全风险分级管控和事故隐患排查整改支出，工程项目安全生产信息化建设、运维和网络安全支出。

（4）安全生产检查、评估评价（不含新建、改建、扩建项目安全评价）、咨询和标准化建设支出。

（5）配备和更新现场作业人员安全防护用品支出。

（6）安全生产宣传、教育、培训和从业人员发现并报告事故隐患的奖励支出。

（7）安全生产适用的新技术、新标准、新工艺、新装备的推广应用支出。

（8）安全设施及特种设备检测检验、检定校准支出。

（9）安全生产责任保险支出。

（10）与安全生产直接相关的其他支出。

表 4-1　　　　　　　　　　安全文明施工措施费的使用范围详表

费用	清单项目
一	完善、改造和维护安全防护设施设备支出（不含"三同时"要求初期投入的安全设施）
施工现场安全防护费	安全防护设施包括："四口"（楼梯口、电梯井口、预留洞口、通道口），"五临边"（未安装栏杆的平台临边、无外架防护的层面临边、升降口临边、基坑临边、上下斜道临边）等危险部位防坠、防滑、防溺水等设施，防止物体、人员坠落而设的安全网、棚，其他与工程有关的交叉作业防护；防火、防爆、防尘、防毒、防雷、防风、防汛、防地质灾害、有害气体检测、通风、临时安全防护等；办公、生活区的防腐、防毒、防四害、防触电、防煤气、防火患等安全防护；施工营地、场地、施工便道主、被动网或钢支撑临时挡护等临时防护项目的实施需按监理、业主审核批准的施工方案进行，费用据实计量支付。（注：不含一般项目中单独计列的项目，如：临时用电系统中不包括已含在合同一般项目范围内的施工供电设施支出，通风中不包括地下工程的专项通风费用支出，表土苫盖费用不能列支安措费。不含劳动保护费用支出项目，如：防暑降温、工作服、手套以及在有碍身体健康的环境中施工的保健费用等。）

续表

费用	清单项目
警示类照明等灯具费	警示类照明等灯具包括：施工车辆、机械、构造物的警示灯、危险报警闪光灯等及施工区域内夜间警示类照明灯具
警示标志、标牌费	警示标志、标牌包括：各类警示、警告、提醒、指示等标志、标牌
安全用电防护费	安全用电防护设施包括：各种用电专用开关、室外使用的开关、防水电箱、高压安全用具、漏电保护等设施
施工现场围护费	现场围护费包括：工程施工围挡、现场高压电塔（杆）围护；施工现场光缆、电缆维护；起重、爆破作业及穿越公路、河流、地下管线进行施工、运输作业所增设的防护、隔离、栏挡等设施，对施工围挡有特殊要求路段的围挡费用不在此列
其他安全防护设备与设施费	应计入安全生产费用的其他安全防护设备与设施完善、改造和维护等费用
二	应急救援技术装备、设施配置及维护保养支出
应急救援器材与设备的配备（或租赁）、维护、保养费	包括：应急照明、通风、抽水设备及锹镐铲、千斤顶、灭火器、消防斧等小型消防器材、设备；急救箱、急救药品、救生衣、救生圈、救援梯、救援绳等小型救生器材与设备；防洪、防坍塌、防山体落石、防自然灾害等物资设备。消防车、救护车等大型专业救援设备所发生的相关费用不在此列
应急演练费	由项目公司依据应急预案，模拟应对突发事件组织的应急救援活动中，应急预案措施投入，应由项目公司承担全部费用，不在施工单位的安措费中列支
三	开展施工现场重大危险源检测、评估、监控支出
重大风险源和事故隐患评估费	由项目公司、相关行政主管部门组织的，或施工单位委托专业安全评估单位对爆炸物运输、储存、使用时安全检查与评估费用；其他重大危险源、重大事故隐患进行评估所发生的费用
重大危险源监控费	爆炸物运输、储存、使用时安全监控、防护费用；其他对项目较大危险源进行日常监控所发生的相关费用。施工监控系统不在此列
四	安全生产检查、评价（不包括新建、改建、扩建项目安全评价）、咨询和标准化建设支出

续表

费用	清单项目
专项安全检查费	施工项目部聘请专业安全机构或专家对项目安全生产过程中的特殊部位、特殊工艺、特别设备的施工安全检查所支付的相关费用
安全生产评价费	施工项目部聘请专业安全机构或专家对项目专项施工方案、风险评估进行讨论、论证、评估、评价所支付的相关费用
安全生产咨询、风险评估费	施工项目部就安全生产工作中存在的问题向有关专业安全机构、咨询单位或专家进行咨询所支付的相关费用，按规定开展施工安全风险评估管理费
安全生产标准化建设费	施工项目部按照有关规定或者合同约定开展安全生产方面的标准化建设费用
五	配备和更新现场作业人员安全防护用品支出
安全防护物品配备费	项目部根据有关规定在日常施工中必须配备的安全帽、安全绳（带）、荧光服、专门用途的工作鞋、专门用途的工作服、专门用途的工作帽、专门用途的口罩、防毒面具、护目镜、防护药膏、防冻等安全防护物品的购置费用。属职工一般劳动保护用品（如普通的手套、雨鞋、工作服、口罩、防暑用品、防寒用品等）不在此计列
安全防护物品更新费	项目部对安全防护物品的正常损耗进行必要补充所产生的费用
六	安全生产宣传、教育、培训和从业人员发现并报告事故隐患的奖励支出
安全生产宣传、教育费	包括制作安全宣传标语、条幅、图片、视频等宣传资料所发生的费用
安全生产教育培训费	包括项目部聘请专业安全机构或专家对施工人员进行安全技术交底、安全操作规程培训、安全知识教育等支出的课时费；专职安全人员、生产管理人员、特种作业人员安全生产专业专项培训费；安全报纸、杂志订阅或购置费；安全知识竞赛、技能竞赛、安全专题会议等活动费用；举办安全生产展览，设立陈列室、教育室、安全体验馆等费用
七	安全生产适用的新技术、新标准、新工艺、新装备的推广应用支出
八	安全设施及特种设备检测检验、检定校准支出

续表

费用	清单项目
安全设施检测检验费	施工项目部对拟投入本项目的安全设施送交或邀请具有相关资质的检测检验机构进行检测检验，并出具相关报告所发生的费用
特种设备检测检验	施工项目部根据有关规定对拟投入本项目的特种设备、压力容器、避雷设施等邀请具有相关资质的检测检验机构进行检测检验，并出具相关报告所发生的费用
九	安全生产责任保险支出
十	其他与安全生产直接相关的支出
体检费用	特种作业人员（从事高空、井下、尘毒作业的人员及炊管人员等）体检费用
其他费用	招投标时不可预见的，在施工过程中经项目公司与监理单位认可，可在安全生产费中列支的其他与安全生产直接相关的费用

如何避免安措费项目单价审核不合理？

（1）项目公司可以将标准化、通用化的安全设施通过组价、市场询价等方式进行统一定价，编制安措费价格执行清单，并根据实际情况适时调整。属于安措费价格执行清单中的项目，不再需要施工单位提供广告公司购买发票，避免出现乱开票、随意开票的情况。

（2）设定合理的审核标准，根据市场行情和项目特点，并参考合同变更单价的审核原则合理确定价格参考范围和审核标准，避免过高或过低的单价审核通过。由于安措费属于据实结算的费用，安措费不参与价格调差，因此组价参考合同变更单价组价时，将材料的市场信息价格与合同中标价格之差单独计税计入单价中。

（3）相关参建单位安全管理人员及技经人员应加强安措费的合同约定和管理制度的学习，提高审核人员的责任心，规范安措费的使用。

（4）建立监督机制，对审核结果进行监督和评估，及时发现和纠正不合理的审核行为。

4-16　如何管控各标段合同安措费总额？

（1）制定合理的安措费使用计划：在项目启动阶段，根据项目规模、复杂性和风险等因素，制定合理的安措费使用计划，确保计划与实际需求相匹配。

（2）设定安措费的合理比例：根据水电行业要求及抽水蓄能项目业主管理特点，设定各标段安措费的合理比例，确保费用分配的公平合理。

（3）建立健全的合同管理制度，明确安措费的支付方式、支付期限和支付条件，确保合同履行过程中安措费的合理支出。

（4）设定安措项目投入定额，对标准、数量、规格等具体量化。对于临时增设类安措项目应履行专门的计划审批程序，充分管控好安措费总体额度。

4-17　如何避免多结算超合同范围的费用？

（1）监理单位需配备具有熟悉掌握水电造价专业知识的造价工程师，加强计量人员与造价人员的沟通及交叉审核，其次可以聘请第三方造价咨询单位参与过程的变价审核，多道环节进行把关。

（2）工合同签订后，由招标文件的主要编制人员对参与合同执行的施工单位、监理单位、项目公司进行合同交底，认真研读合同，掌握承发包人的合同责任与义务，分清各自的合同内容和边界。

（3）将结算、变更单价审核质量纳入监理合同考核，设置相关奖惩条款，提高监理审核结算、变更单价的准确性及工作责任心。

4-18　如何处理信息价与项目当地市场价及投标价的差异？

钢筋、水泥、钢材、砂石等主要材料根据实际运输距离对信息价中的运杂费进行修正，在合同文件中明确按信息价的绝对差值调差，或者按三方确认的市场价格绝对值调差，若招标文件公示具体的基准价格，按施工期信息价与基准价的差额进行调差，同时明确调价基准价取投标材料原价或投标基期信息价，将合同约定的价差计算公式修正为按材料原价的口径计算或者按信息价的绝对值计算。

如遇信息价无法如实反映实际市场价的波动情况，可以通过承包人、发包人、监理选取该类材料专业信息发布机构或三方共同认可的价格来源作为价格调整依据。

 ## 如何确定人工费、材料费调差基础？

人工费、材料费价差调整方式通常采用权重指数法或采用造价信息调整，其中人工费可综合参考水电总院的价格指数和国家统计局指数，材料费采用当地信息价，如信息价更新不及时或者周期过长，可采用如数字水泥网、我的钢铁网等价格发布频率更高、更及时的相关指数来源作为依据。

 ## 如何避免火工品价格波动太大的争议？

（1）火工品一般由当地具有资质的爆破公司专营，价格市场竞争性不足，因此需在招标文件中要求投标人对火工品价格进行充分调研，避免实施过程中火工品价格变幅较大引起变更。

（2）部分已招标实施中的项目招标时雷管采用的为普通雷管，根据公安部 工业信息化部《关于贯彻执行〈工业电子雷管信息管理通则〉有关事项的通知》（公治〔2018〕915 号）规定，确保实现 2022 年电子雷管全面使用，普通雷管需要全部调整为数码雷管，火工品价格波动幅度较大，未约定调差条款，可根据工程项目实际情况，实事求是，与承包商补充约定调差条款，有效地维护发承包双方的合法权益，实现风险共担。

 ## 如何避免原材料实际用量较投标报价用量偏差较大？

承包商投标时招标文件未提供混凝土配合比，承包人按照自身经验配合比进行报价，中标后配合比根据现场实际情况调整，从而造成混凝土的原材料实际数量与投标数量差异较大。承包人进场后对批复的配合比理论量和投标损耗

（5）严格按合同约定流程办理结算支付，同时强化合同管理考核与处罚力度。

（6）过程中优化工程量计量管理环节，严格计量周期，合理设置结算进度计划安排。

（7）引入自动化工具：采用结算管理系统或软件来自动化结算流程，减少人工操作和错误的风险，同时提高数据的可追溯性和准确性。

（8）实施独立审计：定期进行内部或外部的独立审计，对结算流程进行评估，发现潜在的问题并提出改进建议，以确保流程合规性和准确性。

（9）强调沟通和协作：促进不同部门或角色之间的沟通和协作，确保信息的准确传递和流转，避免信息断层和误解。

（10）监控和追踪：建立监控机制，实时追踪结算流程的执行情况和数据的变动，能够及时发现异常情况并采取相应的纠正措施。

（11）风险管理：识别结算流程中可能存在的风险，制定风险管理策略，及时采取措施防范潜在的风险事件对结算数据产生的影响。

如何避免完工结算进度滞后？

（1）提前规划与协调：在项目启动阶段就应制定完工结算的详细计划，并与相关利益相关者进行充分协调，确保各方对结算进度的期望和要求达成一致。

（2）建立监控机制：建立有效的进度监控机制，例如使用项目管理软件或工具进行实时监控，及时发现结算进度的偏差，并采取相应的纠正措施。

（3）拆分工作包：将完工结算任务拆分为多个可管理的工作包，制定详细的任务清单和时间表，确保各个工作包的结算进度可控。

（4）资源分配与调配：合理安排并优化资源的分配与调配，确保结算所需的人力、物力和财力得到充分保障，并且避免资源短缺导致进度滞后。

（5）强化考核机制，加强合同执行力度：严格合同约定，加强承包人结算编制进度考核，尽早组织参建各方加快各项工作办理进度，提醒参建各方工作进度与年度考核打分紧密关联，引起注意。

水电工程变更管理各部门职责是什么？

上级单位履行以下职责：

（1）制定水电工程变更管理制度，根据实施情况适时组织修订。

（2）指导、监督、检查下级单位水电建设管理部门开展水电工程变更管理工作。

（3）审批符合如下条件之一的工程变更：①重大设计变更；②总部集中采购项目（如招标设计及施工详图设计、筹建期洞室道路及营地施工、主体施工、机电安装施工、主机设备采购）的标段招标控制价超出可行性研究概算的一般设计变更；③超过合同额 3% 且达到 2000 万元及以上的合同变更。

项目公司是水电工程变更管理工作的责任主体，履行以下职责：

（1）严格执行公司级单位水电工程变更管理办法、管理手册。

（2）组织重大设计变更或需上级单位审批的一般设计变更内部审查，形成审查意见并上报上级单位。

（3）组织设计单位编制设计变更文件，组织监理单位复核、会签设计变更文件。

（4）审批不在上级单位审批范围内的设计变更、合同变更。

（5）组织各参建单位严格按照批准后的工程变更文件和合同内容实施工程建设。

（6）收集、整理有关设计变更和合同变更文件资料，及时归档。

 现场造价管理技经交底工作由谁组织开展？

施工承包人进场后，可由项目公司分管技术经济主要负责人或总监理工程师主持造价管理交底例会，项目公司技经管理部门对参建单位开展技术经济工作交底，参加人员应包含：监理单位技术经济人员、施工承包人项目经理、商务经理和现场造价人员、设计单位设总和造价咨询单位人员。

交底内容包括现场造价管理目标、合同管理、费用计列和使用、现场资金管理、设计变更与现场签证、变更组价原则、变更和索赔支撑材料构成、工程量管理、过程化结算、竣工结算、造价资料归档等，并依照工程建设特点进行针对性交底。工地例会由监理单位负责记录，会议纪要由项目公司确认后归档。

 4-29　安全文明施工措施费可以由施工承包人自由支配吗？

不能。

根据《建筑工程安全防护、文明施工措施费用及使用管理规定》，建设单位与施工单位应当在施工合同中明确安全防护、文明施工措施项目总费用，以及费用预付、支付计划，使用要求、调整方式等条款；工程监理单位应当对施工单位落实安全防护、文明施工措施情况进行现场监理。对施工单位已经落实的安全防护、文明施工措施，总监理工程师或者造价工程师应当及时审查并签认所发生的费用；施工单位应当确保安全防护、文明施工措施费专款专用，在财务管理中单独列出安全防护、文明施工措施项目费用清单备查。

 4-30　单元工程完工后，何时完成验收与质量评定工作？

（1）施工单位在单元工程相关工序或检验批自检合格，质量验收资料完整后，填写《单元工程质量评定表》，在 24h 内报监理单位。

（2）监理单位收到施工单位提交的单元工程质量评定表，在 36h 内组织开展单元工程验收。

（3）监理单位负责组织单元工程质量验收，施工单位技术负责人参加验收，工程部和相关部门依据具体实际情况选择参加验收。

（4）监理单位专业监理工程师主持单元工程验收工作时，施工单位应按工序或检验批留出足够的时间，进行单元工程验收与质量评定。

（5）在一个单元工程完工后，属于混凝土浇筑或喷混凝土工程，应在 36 天内完成验收与评定工作；其他单元工程，一般情况下，应在 7 天内做完验收与质量评定工作。

（6）单元工程质量验收中发现有质量缺陷或质量不合格的情况，由监理单位组织施工单位及时进行处理，整改后重新检查验收，直到合格为止。

（7）整改结束后，监理单位汇总整理验收资料，待工程竣工，移交项目公司归档。

 4-31 **隐蔽工程质量验收主要工作内容有哪些？**

（1）隐蔽工程质量验收由专业监理工程师组织施工、设计等单位共同进行验收，工程部项目专业技术负责人参加。

（2）单位隐蔽工程（如地基开挖、洞室开挖以及地基防渗等，监理工程师应旁站监理）施工结束后，首先应依据《水电水利基本建设工程单元工程质量等级评定标准》规程规范、评定验收标准、设计文件等，进行初检、复检、终检三级质量自检，合格后填写《单元工程质量评定表》，报送监理单位。

（3）监理单位审核确认验收申请后，由专业监理工程师组织设计单位和施工单位共同进行验收，工程部项目专业技术负责人参加验收。

（4）隐蔽工程经现场验收合格后，应在现场及时签署意见，隐蔽验收记录由施工单位保管，待工程竣工后资料移交项目公司归档。

（5）隐蔽工程验收发现有质量缺陷或质量不合格及提出的整改建议，施工单位应进行整改，并应重新得到监理单位验收确认。

 4-32 **分部工程质量验收应具备条件及主要内容和程序有哪些？**

分部工程具备验收条件时，施工单位应向项目法人提交验收申请报告，项目法人应在收到验收申请报告之日起 10 个工作日内决定是否同意进行验收。

（1）分部工程验收应具备的条件：①所有单元工程已完工；②已完单元工程施工质量经评定全部合格，有关质量缺陷已处理完毕或有监理机构批准的处理意见；③合同约定的其他条件。

（2）分部工程验收主要工作内容：①检查工程是否达到设计标准或合同约定标准的要求；②评定工程施工质量等级；③对验收中发现的问题提出处理意见；④工程投入使用后，不影响其他工程正常施工，且其他工程施工不影响该单位工程安全运行；⑤已经初步具备运行管理条件，需移交运行管理单位的，项目法人与运行管理单位已签订提前使用协议书。

（3）分部工程验收应按以下程序进行：①听取施工单位工程建设和单元工程质量评定情况的汇报；②现场检查工程完成情况和工程质量；③检查单元工程质量评定及相关档案资料；④讨论并通过分部工程验收鉴定书。

 单位工程质量验收应具备条件及主要内容和程序有哪些？

（1）单位工程验收应具备的条件：①所有分部工程已建完并验收合格；②分部工程验收遗留问题已处理完毕并通过验收，未处理的遗留问题不影响单位工程质量评定并有处理意见；③合同约定的其他条件。

（2）单位工程验收主要工作内容：①检查工程是否按批准的设计内容完成；②评定工程施工质量等级；③检查分部工程验收遗留问题处理情况及相关记录；④对验收中发现的问题提出处理意见。

（3）单位工程验收应按以下程序进行：①听取工程参建单位工程建设有关情况的汇报；②现场检查工程完成情况和工程质量；③检查分部工程验收有关文件及相关档案资料；④讨论并通过单位工程验收鉴定书。

 合同工程完工验收应具备条件及主要内容有哪些？

（1）合同工程完工验收应具备以下条件：①合同范围内的工程项目和工作已按合同约定完成；②工程已按规定进行了有关验收；③观测仪器和设备已测得初始值及施工期各项观测值；④工程质量缺陷已按要求进行处理；⑤工程完工结算已完成；⑥施工现场已经进行清理；⑦需移交项目法人的档案资料已按要求整理完毕；⑧合同约定的其他条件。

（2）合同工程完工验收主要内容：①检查合同范围内工程项目和工作完成情况；②检查施工现场清理情况；③检查已投入使用工程运行情况；④检查验收资料整理情况；⑤鉴定工程施工质量；⑥检查工程完工结算情况；⑦检查历次验收遗留问题的处理情况；⑧对验收中发现的问题提出处理意见；⑨确定合同工程完工日期；⑩讨论并通过合同工程完工验收鉴定书。

合同工程验收合格后，何时办理工程交接和工程移交？

根据《水利水电建设工程验收规程》（SL 223—2008）相关规定，通过合同工程完工验收或投入使用验收后，项目法人与施工单位应在30个工作日内组织专人负责工程的交接工作，交接过程应有完整的文字记录且有双方交接负责人签字。

项目法人与施工单位应在施工合同或验收鉴定书约定的时间内完成工程及其档案资料的交接工作。工程办理具体交接手续的同时，施工单位应向项目法人递交工程质量保修书，工程质量保修期应从工程通过合同工程完工验收后开始计算，但合同另有约定的除外。

在施工单位递交了工程质量保修书、完成施工场地清理以及提交有关竣工资料后，项目法人应在30个工作日内向施工单位颁发合同工程完工证书。在竣工验收鉴定书印发后60个工作日内，项目法人与运行管理单位应完成工程移交手续。

工程移交应包括工程实体、其他固定资产和工程档案资料等，应按照初步设计等有关批准文件进行逐项清点，并办理移交手续。办理工程移交，应有完整的文字记录和双方法定代表人签字。

 物资采购合同什么情况下可以办理技术变更？

物资合同履约过程中，引起的合同货物数量、规格参数变化的合同技术内容的变更，按照办理要求提交技术变更单并通过审核后可进行技术变更。

技术变更单办理要求如下：

（1）技术变更单应严格依据合同、现场物资需求情况填写，并注明拟变更合同名称、合同编号、供应商名称、变更物资名称、规格型号、单位、原合同含税单价、数量等相关信息，以上信息须与原合同保持一致。

（2）技术规格参数调整、组部件厂家变化的，技术变更单需特别注明调整后设备性能变化情况。

（3）变更物资原合同没有单价依据的，技术变更单中应注明待确定价格的物料相关信息。

（4）物资需求部门 / 项目管理部门应对技术变更单的依据进行严格审核，审核内容包括原合同主要信息、变更原因、支持变更原因的有效性文件等，同时做好资料留存。

（5）技术变更单由物资需求部门 / 项目管理部门的分管领导审批。

对于重大变更事项，物资需求部门 / 项目管理部门需签报本单位项目分管领导同意后，出具技术变更单。包括：技术路线变化引起的重大变更；合同物资非主体、非关键性工作分包事项；协议库存框架合同供货范围变化等其他重大变更事项。

物资采购合同什么情况下可以办理商务变更？

物资采购合同履约过程中合同商务、价格内容变化，物资合同承办部门根据技术变更单编制商务变更单，由物资需求部门 / 项目管理部门、物资管理部门审核，分管物资领导审批后可进行商务变更。

商务变更单审批按以下规定执行：

（1）材料类物资：供货范围发生变化，增加金额累计不超过 15%（合同另有约定的按约定执行），由项目公司物资需求部门 / 项目管理部门、物资管理部门审核，物资分管领导审批。

（2）设备类物资：供货范围发生变化，增加金额累计不超过 15%（合同另有约定的按约定执行），且低于 50 万元的，由项目公司物资需求部门 / 项目管理部门、物资管理部门审核，物资分管领导审批；超过 50 万元的（含本数），项目公司履行内部审核程序后，向公司物资部上报变更事宜（技术变更、商务变更确认单作为上报文件附件），经公司物资部会同项目主管部门审核、物资分管领导批准后，作为项目公司与供应商签订补充协议的依据。

（3）授权采购的物资，供货范围发生变化，合同执行总价（原合同金额与累计增加金额之和）不得超过授权采购限额。

（4）变更金额超过合同约定的变化量（若合同未约定，按照合同价格 15% 执行）或授权采购变更后合同总价超过授权采购限额，变更或新增物资需求重新纳入采购计划管理。

（5）供货数量减少的，在与供应商协商一致并签署具有法律效力的纪要、记录或函件的情况下，可不签订补充协议。

（6）在技术变更中明确"变更后技术性能等同或优于变更前"且供应商书面确认不涉及价格变化的，或供应商承诺免费提供新增货物的，技术变更单作为变更执行依据，可不再办理商务变更单、不再签订补充协议。

（7）对于采用单价结算的物资合同，实际采购量（按采购金额计算）变化，合同变更金额累计增加不超过原合同15%（合同另有约定的按约定执行）的，可不再办理商务变更单、不再签订补充协议。

（8）物资合同设备用金的，备用金比例不得超过原招标采购项目预算（有最高限价的，以最高限价计算）的10%。因供货范围发生变化，原合同没有单价依据的增购物资，在满足备用金使用条件的前提下，可由备用金列支，可不再办理商务变更单、不再签订补充协议。但须办理备用金使用审批手续。

（9）供应商企业名称、注册地址、经营范围、企业类型等营业执照信息变更和开户银行、账号等信息变更的，不另行签订补充协议。

现场签证管理主要工作内容及流程是什么？

在施工过程中除设计变更外，如发生合同内容变更以及合同约定发承包双方需确认的事项，需履行现场签证审批流程予以签认证明。

现场签证按金额大小分为一般签证和重大签证。重大签证是指单项签证投资增减额不小于10万元的签证；一般签证是指除重大签证以外的签证。参建各方主要职责分别为：

（1）施工单位：施工项目经理负责现场签证发起工作；施工造价人员负责核实现场签证工程量，按照规定编制现场签证预算书；施工项目经理按经批准的现场签证组织实施。

（2）监理单位：施工过程中发现现场签证事项，监理工程师要求施工单位当日发起现场签证；现场签证进入审批流程后，监理单位当日完成审核会签；现场签证审批后，负责落实现场签证的实施，对现场签证工程量进行旁站实测和验收工作；监理造价人员负责核实现场签证工程量与费用，及时编号汇总报送建设单位，作为工程结算的依据；判断现场签证是否造成施工图设计文件变化，若有，退回按照设计变更规定执行。

（3）设计单位：现场签证进入审批流程后，设计单位当日完成审核会签；负责审核现场签证的工程量和费用，提出专业意见。

（4）建设单位：施工过程中发现现场签证事项，业主工程部要求施工单位当日发起现场签证审批流程；工程部组织现场签证的预审查，组织完成现场签证的事前汇报；现场签证事前审批通过后，催办施工单位和其他参建单位按时完成会签；现场签证进入审批流程后，建设单位2日内完成审核会签；现场造价人员负责核查现场签证费用计列的真实性、规范性，确保依据充分，资料齐全，避免拆分现场签证；业主工程部负责落实现场签证的监督检查和文件归档。

 ## 4-39 造价文件归档，包含哪些内容，分别由谁负责？

各参建单位、部门应遵循"谁形成、谁负责"的原则。完成各自职责范围和合同规定的整理、归档及项目档案的编制移交工作，确保项目档案完整、准确、系统、规范和安全，满足项目建设、管理、监督、运行和维护等活动在证据、责任和信息等方面的需要。

建设管理单位将工程结算资料按照结算资料装订目录装订成册，避免资料缺失，结算资料包括：结算审核定案书、竣工结算评审报告（含附件）、结算审批表、结算审核表、施工结算申请表、施工投标报价书、工程量量差签证、变更和签证审批单及支撑资料、施工中标通知书、施工合同中关于结算价的规定。

施工单位负责提供：施工投标报价书、变更和签证审批单及支撑资料、施工中标通知书、施工合同中关于结算价的规定。

监理单位负责提供：竣工结算评审报告（含附件）、结算审批表、结算审核表、施工结算申请表。

建设管理单位将工程结算所有资料进行归档，包括各参建单位申请结算资料、工程结算书、竣工结算报告、结算评审报告、结算督察报告、各类合同、协议、变更签证及支持性资料等。

执行概算文件组成?

水电工程执行概算是在工程实施阶段，合理确定投资控制目标，对项目投资执行情况进行动态分析的工程造价文件，是水电工程全过程造价管理体系文件的重要组成部分，是有效控制和管理投资，提高投资效益的重要依据。《水电工程执行概算编制导则》（NB/T 11324—2023）提出执行概算宜在工程主体标段和主要设备签订合同之后 6 个月内编制完成，执行概算应包含以下内容：

（1）编制说明：包括工程概况、编制原则和依据、执行概算投资编制主要内容及编制办法（枢纽工程、建设征地移民安置补偿、建设期利息），总投资成果，执行概算与分标概算或核准概算的投资对比分析；

（2）执行概算表、对比分析表：执行概算表包括执行概算总表、枢纽工程执行概算表、前期施工准备工程执行概算表、主体建筑安装工程执行概算表、设备采购工程执行概算表、专项工程执行概算表、项目技术服务费执行概算表、项目管理费执行概算表、枢纽工程各标段预留费用和工程预留费用汇总表、建设征地移民安置补偿费执行概算表；对比分析表包括总执行概算对比分析表、分项投资对比分析表；

（3）执行概算附表和附件。

 执行概算需做哪些对比分析，有什么用途?

通过投资对比分析，反映实施阶段与可行性研究阶段投资变化及投资变化的主要原因。考虑不同建设管理单位、不同层级投资管理需求，执行概算可与分标概算进行投资对比分析，也可以将执行概算做概算回归后与核准概算进行投资对比分析。分析回归时应综合考虑执行概算标段的项目类型、项目属性、招标文件约定的边界条件；标段投资与概算按指标或费率计算项目的相互关系、与独立费用的相互关系；标段工程单价与概算定额及单价取费费率的相互关系等。

1. 与分标概算投资对比分析

执行概算与分标概算对比至核准概算二级项目（单位工程），分析计算执行概算与分标概算的投资增减额度及幅度。对于主体建安工程二级项目中投资占比大、投资增减额度大或者投资增减比例高的项目，宜将二级项目投资差拆分为工程量差、单价差和项目差分析。其中工程量变化引起的投资差值归为量差；工程单价变化引起的投资差值归为价差；因设计深度变化、施工组织设计变化而引起的工程项目变化，如施工交通工程、其他施工辅助工程、细部结构指标等，其投资差值归为项目差。投资对比分析主要包括以下工作内容：①分析计算执行概算与分标概算的投资增减额度及比例；②主体建筑安装工程分标段对量差、价差、项目差引起的投资增减额度进行分析；③根据投资对比分析结果，说明投资变化主要原因。

2. 与核准概算投资对比分析

执行概算与核准概算对比分析时，宜将执行概算按核准概算项目组成及划分原则分析回归至核准概算二级项目（单位工程），分析计算执行概算与核准概算的投资增减额度及幅度。投资对比分析主要包括以下工作内容：①分析计算执行概算与核准概算的投资增减额度及比例；②根据投资对比分析结果，说明投资变化主要原因。

执行概算中枢纽工程投资编制要点？

枢纽工程投资包括前期施工准备工程投资、主体建筑安装工程投资、设备采购工程投资、专项工程投资、项目技术服务费、项目管理费、工程预留费用和价差预备费。

1. 前期准备工程和主体建筑安装工程投资

建筑安装工程投资编制方法与执行概算投资编制方法基本一致，需重点关注以下内容：

（1）结合项目实施进度及执行概算动态分析时点，按已完工结算项目、已签订合同未完工项目、未签订合同已完成招标设计项目和未完成招标设计项目四种类型重新分析确定标段类型。

（2）标段中各项目工程量由已完工程量和未完工程量两部分组成。已完工程量按结算工程量计列，未完工程量应充分反映执行概算动态分析时点最新的工程设计成果，并结合现场实际情况进行预测。

（3）集供材料用量、甲供材料用量应按标段各项目清单项目、变更项目进行统计。

（4）标段预留费：根据各标段具体情况，根据可能发生的设计变更、新增变更项目、工程规模、施工难度、施工年限、水文、气象、地质等技术条件，结合未完工项目情况分别进行风险识别、评估、分析后，在执行概算的基础上，合理调整标段预留费。对于可预见且可量化的项目，应以工程量乘单价的形式计列。

（5）标段价差：标段已发生的价差按实际发生金额计列，未发生的价差按合同约定的调差项目及调差方式测算或按年度综合价格指数分析测算。未发生的价差应在执行概算的基础上进行合理调整。

2. 设备采购工程投资

设备采购工程投资编制方法与执行概算投资编制方法基本一致，需重点关注标段预留费，结合执行概算动态分析时点考虑可能发生的设计变更、新增变更项目、大件运输道路修缮、桥梁加固、交通管制等因素，在执行概算的基础上，合理调整标段预留费。

3. 专项工程投资

专项工程投资编制方法与执行概算投资编制方法基本一致，需重点关注的内容按照项目性质分别参照前期准备工程和主体建筑安装工程、设备采购工程的编制方法进行编制。

4. 项目技术服务费、项目管理费投资编制方法与执行概算投资编制方法一致

5. 工程预留费用

根据工程实施情况及风险程度，按枢纽工程未招标项目投资乘以费率计算，费率不高于执行概算费率。

6. 价差预备费

根据相关规定，按枢纽工程未招标项目投资，考虑国家政策、价格水平变化等因素，按年度指数计算。

执行概算中，"超概"问题的管理方法？

执行概算是工程建设投资管控的有力手段，同时也是对项目建设单位投资管控业绩与水平考核的重要依据，执行概算的额度往往成为各级建设单位关注的焦点。当前，在各建设单位颁布的执行（管理）概算编制管理办法中，几乎都将执行概算总额控制在设计概算总投资以内作为编制执行概算的一项主要原则。

事实上，执行概算的额度与其起始编制的时点有关。受执行概算编制时点前的国家政策变化、设计方案重大变更、物价水平大幅上涨等因素的影响，执行概算可能会"超概"。当执行概算编制单位遇到执行概算"超概"的情况时，应合理运用"静态控制，动态管理"的手段，计算相关项目投资。

比如水库移民工程，其投资受多类风险影响，在各类风险中，外部风险源又占主导地位。对此，部分建设单位在其执行（管理）概算编制管理办法中规定，水库移民工程投资直接按概算数值计列，工程建设中该部分投资变化纳入动态管理范畴。这样的做法，充分地体现了"静态管理，动态控制"的技术思路，也有助于理顺并明确建设单位各方的权责关系，是值得参考和借鉴的。当然如果编制执行概算时，水库移民工程中的各类风险已得到不同程度地释放，那么在执行概算中，按一定规则计入该部分投资也是可行的。总之，执行概算编制坚持"总量控制，合理调整"的原则，才能保证工程建设各方各司其职，各尽其力，达到降低工程投资的共同目标。

 执行概算中，建筑安装工程投资如何编制？

当前，执行概算建筑安装工程投资基本采用如下编制方式：已完工结算的工程项目，采用实际完成工程量，工程单价采用结算单价；已招标签订合同未完成结算的工程项目，采用招标设计工程量，工程单价采用合同单价；未招标签订合同的工程项目，采用设计概算工程量，工程单价采用设计概算单价。

在按照上述方法编制完建安工程投资后，针对已招标正在实施的项目及未招标的项目建设过程中可能出现的工程变更，可以预留一部分基本预备费。部分编制单位在编制执行概算时，为了更准确地反映工程投资情况，通常在建设单位及监理等各方的协助下，对工程建设中的变更及预计变更的情况进行统计，并反映到执行概算相应项目中。经过对工程变更情况的统计和对将来有可能发生变更的预测分析，有助于避免预留一部分基本预备费带来的误差，能够更真实地反映工程实际发生的投资情况，为项目建设单位的投资控制管理提供切实的依据。

 执行概算中，基本预备费如何编制？

对于执行概算中基本预备费的编制，目前主要采用的编制方法总体可以分为两类。第一类按设计概算计列基本预备费；第二类在综合考虑工程建设基本情况及执行概算其他项目编制方法的基础上，选择计算基数及费率计算。实际编制基本预备费时，需要根据执行概算中其他项目的编制方法进行确定或调整。当工程中出现的设计变更项目或其他一些设计概算投资中未包括的项目都已经在执行概算中相应的部分列出，那么就不应采用第一类方式，或者在设计概算基本预备费中扣除以上投资作为执行概算的基本预备费。采用第二类方式，需要根据合同签订的情况和工程规模、工期及工程的进度情况合理选取计算基础和计算费率。

从投资管控角度来说，基本预备费预留的方式并非是重点，更重要的是体现在基本预备费在以后工程实施过程中的使用上。建立相应的基本预备费使用办法，严格规范这部分资金的使用，才是做到动态管理的关键。

 执行概算中，建设期价差与价差预备费如何编制？

对于建设期材料价差与价差预备费的编制，同样也存在两类方法。第一类按设计概算计列。第二类方法，首先将各类甲供材料的价格水平调整至执行概算编制时点时的价格水平，具体的方法是通过统计各类甲供材料的耗量并计算其采购的加权平均价与概算价之差，以材料补差的形式计列，并计算税金。其次对合同中约定的可调差项目的费用进行测算。对已发生的可调差项目费用按实计列，对执行概算编制时点以后的可调差项目费用则以执行概算编制时点的材料价格水平和价格指数等参数，按合同约定的调差方法进行测算。最后还需计算执行概算编制时点后的价差预备费，可以按相关公式计算。

$$E = \sum_{n=1}^{N} F_n \left[(1+P)^n - 1 \right] \qquad (4-1)$$

式中：E——预估的价差预备费；

　　　N——执行概算编制时点后的建设工期；

　　　n——实施年度；

　　　F_n——在实施期间第年的执行概算编制的分年计划使用资金；

　　　P——综合价格变动等因素选定的价差预备费计算费率。

两类方法相比，第一类方法编制简单易操作；第二类方法反映了材料价格变动情况，更加贴近工程实际。当建设材料等基础价格相对设计概算水平未发生明显变动时，采用第一类方法可以减少执行概算编制工作量，提高编制效率，尽早完成执行概算编制工作。反之，当建设材料等基础价格出现大幅变动时，采用第二类方法则能充分反映实际费用发生的情况，便于项目建设单位在建设过程中的操作管理。

 建设工程价款结算中，若发生进度款支付超出实际已完成工程价款的情况如何处理？

承包单位应按规定在结算后 30 日内向发包单位返还多收到的工程进度款。

根据 2022 年 8 月 1 日财政部和住房城乡建设部发布的《关于完善建设工程价款结算有关办法的通知》（财建〔2022〕183 号）文件，其中强调：提高建设工程进度款支付比例。政府机关、事业单位、国有企业建设工程进度款支付应不低于已完成工程价款的 80%；同时，在确保不超出工程总概（预）算以及工程决（结）算工作顺利开展的前提下，除按合同约定保留不超过工程价款总额 3% 的质量保证金外，进度款支付比例可由发承包双方根据项目实际情况自行确定。在结算过程中，若发生进度款支付超出实际已完成工程价款的情况，承包单位应按规定在结算后 30 日内向发包单位返还多收到的工程进度款。

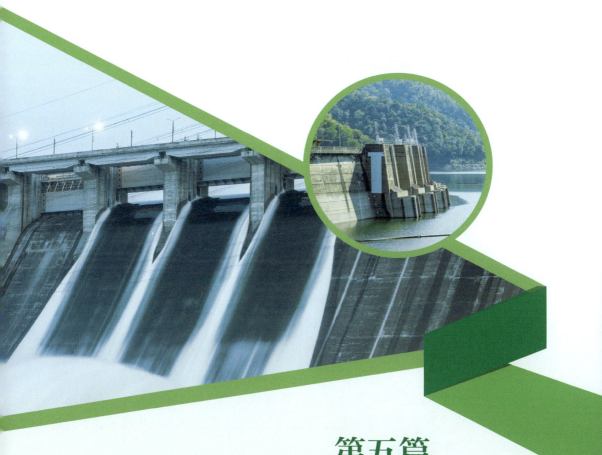

第五篇

竣工篇

5-1 尾工项目定义和管理要点是什么？

1.尾工项目定义

编制基建项目工程竣工决算时，部分不影响主体工程运行和效益发挥并以预估费用纳入竣工决算的项目。包括：竣工决算时，尚未开工的、已开工但尚未竣工的、已完工但未结算或尚未完成结算审计的项目。

2.尾工项目管理要点

（1）最后一台机组投产发电后，基建单位应对整个项目建设进展情况进行全面详细的综合梳理，根据项目核准批复时确立的工程建设任务、要求和设计概算执行情况，认真清理未完工程项目和概算投资余额，确立拟实施的尾工项目，编制尾工项目明细表，并编制尾工项目实施计划安排（包括招标、开工、完工、验收、结算和审计等工作实施进度计划）。

（2）在确保工程安全、质量的前提下，尾工工程原则上应在最后一台机组投入商业运行后的 24 个月内完成验收、结算和审计，未完成的不再实施。

（3）项目单位应不晚于最后一台机组投入商业运行后 10 个月编制完成《抽水蓄能电站尾工工程计划表》，尾工计划经批复后，实际发生总金额不得超过批复的计划总金额。

5-2 如何确定尾工项目？

财政部发布的《关于解释〈基本建设财务管理规定〉执行中有关问题的通知》规定，建设项目收尾工程的确定，可根据项目投资总概算的 5% 掌握，尾工工程超过项目投资总概算 5% 的情况，不能编制项目竣工财务决算。经验收具备投产条件的项目，原则上不得留有未完工程。

尾工项目确立的基本原则如下：

（1）不影响主体工程正常运行和效益发挥的未建成的个别单位工程。

（2）不影响工程正常安全运行，由于特殊原因致使少量工程未完成的工程。

（3）验收遗留问题和提出的处理要求，短期内无法完成的工程。

（4）经验收具备投产条件的项目，原则上不得留有未完工程。如确有未完工程概算项目，可以根据概算项目编报未完（收尾）工程建设预算明细表，将预算投资纳入竣工决算，预计未完（收尾）工程的实物工作量和预算费用不得超过总概算的 5%。

（5）已完成招标、已签订合同或已实施但未完成的工程项目，凡尚未办理结算支付且后续将发生工程结算或费用支付的，其后续计划投资额均应纳入尾工计划，并相应列入竣工决算额度内。

5-3　抽水蓄能电站工程验收分哪些环节？

抽水蓄能电站验收可分为阶段验收和竣工验收。

（1）阶段验收。包括工程截流验收、工程蓄水验收、机组启动验收，截流验收和蓄水验收前应分别进行建设征地移民安置相应阶段验收。

（2）工程竣工验收。应在枢纽工程、建设征地移民安置、环境保护、水土保持、消防、劳动安全与工业卫生、工程决算和工程档案专项验收，以及特殊单项工程验收通过后进行。特殊单项工程验收不影响枢纽工程等专项验收。

5-4　工程截流验收由谁组织，应具备哪些基本条件？

工程截流验收由项目法人会同省级发展改革委、能源主管部门共同组织验收委员会进行，并邀请相关部门、项目法人所属计划单列企业集团、有关单位和专家参加。验收委员会主任委员由项目法人担任，副主任委员由省级发展改革委、能源主管部门和计划单列企业集团担任。项目法人应在计划截流前 6 个月，向工程所在地省级发展改革委、能源主管部门报送工程截流验收申请。

工程截流验收应具备以下基本条件：

工程截流是以截断主河道水流，主体工程围堰开始挡水，导流建筑物过水为标志。

（1）与截流有关的导流泄水建筑物工程已按设计要求基本建成，工程质量合格，可以过水，且过水后不会影响未完工程的继续施工。

（2）主体工程中与截流有关的水下隐蔽工程已经完成，质量符合合同文件规定的标准。

（3）截流实施方案及围堰设计、施工方案已经通过项目法人组织的评审，并按审定的截流实施方案做好各项准备工作，包括组织、人员、机械、道路、备料、通信和应急措施等。截流后工程施工进度计划已安排落实，汛前工程形象面貌可满足度汛要求。

（4）截流后的安全度汛方案已经审定，措施基本落实，上游报汛工作已有安排，能满足安全度汛要求。

（5）移民安置规划设计文件确定的截流前建设征地移民安置任务已完成，工程所在地省级人民政府移民主管部门已组织完成阶段性验收、出具验收意见，并有不影响截流的明确结论。

（6）通航河流的临时通航或交通转运问题已基本解决，或已与有关部门达成协议。

（7）与截流有关的导流过水建筑物，在截流前已完成专项工程安全鉴定：采用河床分期导流的水电工程，临时挡水的部分永久建筑物（含隐蔽工程）在施工基坑进水前已进行（截流）专项工程安全鉴定，并有可以投入运行的结论意见。

（8）已提交截流阶段质量监督报告，并有工程质量满足截流的结论。

工程蓄水验收由谁组织，应具备哪些基本条件？

工程蓄水验收由省级人民政府能源主管部门负责，委托有业绩、能力单位作为验收主持单位，组织验收委员会进行，省级人民政府能源主管部门也可直接作为验收主持单位组织验收。项目法人应根据工程进度安排，在计划下闸蓄水前 6 个月，向省级人民政府能源主管部门报送工程蓄水验收申请。工程蓄水验收申请报告应同时抄送验收主持单位。

工程蓄水验收应具备以下基本条件：

（1）大坝基础和防渗工程、大坝及其他挡水建筑物、坝体接缝灌浆以及库盆防渗工程等形象面貌已能满足工程蓄水（至目标蓄水位）要求，工程质量合格，且水库蓄水后不会影响工程的继续施工及安全度汛。

（2）与蓄水有关的输水建筑物的进、出口闸门及拦污栅已就位，可以挡水。

（3）水库蓄水后需要投入运行的泄水建筑物已基本建成，蓄水、泄水所需的闸门、启闭机已安装完毕，电源可靠，可正常运行。

（4）各建筑物的内外监测仪器、设备已按设计要求埋设和调试，并已测得初始值。

（5）蓄水后影响工程安全运行的不稳定库岸、水库渗漏等已按设计要求进行了处理，水库诱发地震监测设施已按设计要求完成，并取得本底值。

（6）导流泄水建筑物封堵闸门、门槽及其启闭设备经检查正常完好，可满足下闸封堵要求。

（7）已编制下闸蓄水规划方案及施工组织设计，并通过项目法人组织的评审，已做好下闸落水各项准备工作，包括组织、人员、道路、通信、堵漏和应急措施等。

（8）已制订水库运用与电站运行调度规程和蓄水后初期运行防洪度汛方案，并通过项目主管部门审查或审批；水库蓄水期间的通航、下游供水问题已解决；水情测报系统可满足工程蓄水要求。

（9）受蓄水影响的环境保护及水土保持措施工程已基本完成，蓄水后不影响继续施工。蓄水过程中生态流量泄放方案已确定，措施已基本落实，下游受影响的相关方面已作安排。

（10）运行单位的准备工作已就绪，已配备合格的运行人员，并已制订各项控制设备的操作规程，各项设施已能满足初期运行的要求。

（11）受蓄水影响的相应库区专项工程已基本完成，移民搬迁和库区清理完毕。工程所在地省级人民政府移民主管部门已组织完成建设征地移民安置阶段性验收、出具验收意见，并有不影响工程蓄水的明确结论。

（12）已提交工程蓄水安全鉴定报告，并有可以实施工程蓄水的明确结论。

（13）已提交蓄水阶段质量监督报告，并有工程质量满足工程蓄水的结论。

（14）已制定蓄水期事故应急救援预案，并已备案。

 5-6　机组启动验收由谁组织，应具备哪些基本条件？

机组启动验收由项目法人会同电网经营管理单位共同组织验收委员会进

行，并邀请省级发展改革委、能源主管部门，相关部门、项目法人所属计划单列企业集团、有关单位和专家参加。验收委员会主任委员、副主任委员由项目法人与电网经营管理单位协商确定，但副主任委员应包括工程所在地省级发展改革委、能源主管部门、国家能源主管部门派出机构。项目法人应在第一台水轮发电机组进行启动验收前3个月，向省级人民政府能源主管部门报送机组启动验收申请，同时抄送电网经营管理单位。

机组启动验收应具备以下基本条件：

（1）枢纽工程已通过蓄水验收，工程形象面貌已能满足初期发电的要求；相应输水系统已按设计文件建成，工程质量合格；库水位已蓄至最低发电水位以上；尾水出口已按设计要求清理干净；已提交输水系统专项安全鉴定报告，并有满足充水试运行条件的结论。

（2）待验机组输水系统进、出水口闸门及其启闭设备已安装完毕，经调试可满足启闭要求；其他未安装机组的输水系统进、出水口已可靠封闭。

（3）厂房内土建工程已按合同文件、设计图纸要求基本建成，待验机组段已做好围栏隔离，各层交通通道和厂内照明已经形成，能满足在建工程的安全施工和待验机组的安全试运行；厂内排水系统已安装完毕，经调试，能可靠正常运行；厂区防洪排水设施已作安排，能保证汛期运行安全。

（4）待验机组及相应附属设备，包括油、气、水系统已全部安装完毕，并经调试和分部试运转，质量符合合同文件规定标准；全厂公用系统和自动化系统已经投入，能满足待验机组试运行的需要。

（5）待验机组相应的电气一次、二次设备经检查试验合格，动作准确、可靠，能满足升压、变电、送电和测量、控制、保护等要求；全厂接地系统接地电阻符合设计规定；计算机监控系统已安装调试合格。

（6）系统通信、厂内通信系统和对外通信系统已按设计建成，安装调试合格。

（7）升压站、开关站、出线场等部位的土建工程已按设计要求建成，防直击雷系统已形成，能满足高压电气设备的安全送电；对外必需的输电线路已经架设完成，线路继电保护设备安装完成，并经系统调试合格。

（8）消防设施满足防火要求。

（9）负责安装调试的单位配备的仪器、设备能满足机组试运行的需要。负责电站运行的生产单位已组织就绪，生产运行人员的配备能满足机组初期商业运行的需要，运行操作规程已制定，配备的有关仪器、设备能满足机组初期商业运行的需要。

（10）已提交机组启动验收阶段质量监督报告，并有工程质量满足机组启动验收的结论。

 5-7 特殊单项工程验收由谁组织，应具备哪些基本条件？

特殊单项工程验收由竣工验收主持单位组织特殊单项工程验收委员会进行。必要时竣工验收主持单位可会同有关部门或单位共同组织特殊单项工程验收委员会进行验收。项目法人应根据工程进度要求，在特殊单项工程验收计划前 3 个月，向省级人民政府能源主管部门报送机组启动验收申请，特殊单项工程验收申请报告应同时抄送技术主持单位。特殊单项工程验收应具备以下基本条件：

（1）特殊单项工程已按合同文件、设计图纸的要求基本完成，工程质量合格，施工现场已清理。

（2）特殊单项工程已经试运行，满足审定的功能要求。

（3）设备的制作与安装经调试、试运行检验，安全可靠，达到合同文件和设计要求。

（4）观测仪器、设备已按设计要求埋设，并已测得初始值，有完善的初期运行监测和资料整编管理制度，并有完备的初期运行监测资料及分析报告。

（5）工程质量事故已妥善处理，缺陷处理也已基本完成，能保证工程安全运行；剩余尾工和缺陷处理工作已明确由施工单位在质量保证期内完成。

（6）运行单位已做好接收、运行准备工作。

（7）已提交特殊单项工程竣工验收安全鉴定报告，并有可以安全运行的结论意见。

（8）已提交特殊单项工程验收阶段质量监督报告，并有工程质量满足特殊单项工程验收的结论。

5-8 枢纽工程专项验收由谁组织，应具备哪些基本条件？

　　枢纽工程专项验收由省级人民政府能源主管部门负责，委托有业绩、能力单位作为验收主持单位，组织验收委员会进行，省级人民政府能源主管部门也可直接作为验收主持单位组织验收。项目法人应根据工程进度安排，在枢纽工程专项验收计划前 3 个月，向省级人民政府能源主管部门报送枢纽工程专项验收申请。枢纽工程专项验收申请报告应同时抄送验收主持单位。

　　枢纽工程专项验收应具备以下基本条件：

　　（1）枢纽工程已按批准的设计规模、设计标准全部建成，工程质量合格。

　　（2）工程重大设计变更已完成变更确认手续。

　　（3）施工单位在质量保证期内已及时完成剩余尾工和质量缺陷处理工作。

　　（4）工程运行已经过至少一个洪水期的考验，多年调节水库需经过至少两个洪水期考验，最高库水位已经达到或基本达到正常蓄水位。

　　（5）全部机组均能按额定出力正常运行，每台机组至少正常运行 2000h（含电网调度安排的备用时间）。

　　（6）除特殊单项工程外，各单项工程运行正常，满足相应设计功能要求。

　　（7）工程安全鉴定单位已提出工程竣工安全鉴定报告，并有可以安全运行的结论意见。

　　（8）已提交竣工阶段质量监督报告，并有工程质量满足工程竣工验收的结论。

 5-9 建设征地移民安置专项验收有哪些基本规定？

　　（1）建设征地移民安置专项验收由项目公司按相关法规办理，应在电站上下水库蓄水后 3 个月内，完成建设征地和移民安置专项验收。

　　（2）项目公司应按移民安置验收的相关规定和验收规程的要求，组织和协调相关单位及时做好相关征地移民专项验收准备工作，编制《建设征地和移民安置专项验收申请报告》。在移民安置专项验收计划时间前 3 个月，会同签订移民安置协议的县级以上人民政府向省级移民主管部门申请建设征地和移民安置专项验收。

（3）省级移民主管部门组织成立验收委员会，开展相关专项验收工作，主持召开验收工作会议。项目公司组织移民安置实施单位、征地移民监理单位、独立评估单位、设计单位等相关单位配合验收工作，并对验收委员会提出的问题进行整改。

（4）项目公司跟踪协调建设征地和移民安置专项验收工作进展情况，取得《建设征地和移民安置专项竣工验收证书》。

 环境保护专项验收有哪些基本规定？

（1）环境保护专项验收由项目公司按相关法规办理，应在最后一台机组投产运行前完成工程项目环境保护设施专项验收。

（2）建设项目环境保护设施完工后，项目公司应参照《关于环境保护部委编制竣工环境保护验收调查报告和验收监测报告有关事项的通知》的相关规定，联系项目所在地省级生态环境主管部门，按其要求开展环保验收调查工作并根据调查报告意见组织整改存在的问题。

（3）项目公司按照《建设项目竣工环境保护验收暂行办法》规定环境影响评价、设计、施工、监理、环境监理（若有）、环境监测和验收调查报告编制等单位代表及专业技术专家成立验收工作组，开展验收工作，提出验收意见。

（4）项目公司按照《建设项目竣工环境保护验收暂行办法》要求编制验收报告（包括验收调查报告、验收意见及其他需要说明的事项等三项内容），并按相关规定在生态环境部验收信息平台上公开验收报告，公示期限不少于20个工作日，同时应向工程所在地生态环境主管部门报送相关信息，并接受监督检查。公示期满后5个工作日内在全国建设项目竣工环境保护验收信息平台上填报项目验收情况。

 水土保持专项验收有哪些基本规定？

（1）水土保持专项验收由项目公司按相关法规办理，应在项目投产运行前完成工程项目水土保持设施专项验收。

（2）项目公司应按水利部《关于加强事中事后监管规范生产建设项目水土保持设施自主验收的通知》规定要求做好验收准备工作，委托水土保持监测机构编制监测总结报告和第三方机构编制水土保持设施验收报告。

（3）项目公司组织水土保持方案编制单位、设计单位、施工单位、监理单位、监测总结报告和验收报告编制单位成立验收工作组，按照水利部规定的标准和程序，开展对水土保护设施进行验收。提出需整改的问题、验收结论和后续要求。

（4）项目公司组织相关单位对验收组提出的验收意见进行整改完善，形成水土保持设施验收鉴定书，明确水土保持设施验收合格的结论，并按规定依法向社会公开验收鉴定书、验收报告和监测总结报告。

（5）项目公司应在向社会公开水土保持设施验收材料后、项目投产使用前，向水土保持方案审批机关报备水土保持设施验收材料。报备材料包括水土保持设施验收鉴定书、水土保持设施验收报告和水土保持监测总结报告。

 ## 5-12 消防专项验收有哪些基本规定？

（1）消防专项验收由项目公司按相关法规办理，应在每台机组并网发电前通过机组分段消防验收。机组消防验收应在每台机组调试前或召开启动委员会前完成，其有关策划工作及工作的开展应该在每台机组调试前或召开启动委员会前 9 个月开始。上、下水库系统，永久营地等，应按分区在投入运行使用前分别进行消防验收。电站最后一台机组投入商业运行前，应完成工程整体消防专项验收。

（2）项目公司组织消防设施检测单位完成消防设施检测工作，组织编写整理《建设工程消防验收申请表》、各参建单位的消防验收报告及消防验收所需的其他资料，并报送当地消防主管部门审查受理。

（3）项目公司组织消防检测、监理、设计和施工等单位配合并参加由消防主管部门主持的消防验收现场检查及验收会议。

（4）消防部门现场验收提出的整改意见，项目公司组织落实整改，并将整改情况反馈消防主管部门，跟踪消防验收工作进展情况，获取《建设工程消防验收合格意见书》。

劳动安全与工业卫生专项验收有哪些基本规定？

（1）劳动安全与工业卫生专项验收由项目公司按相关法规办理，应在每台机组投运前完成与投运机组相关的劳动安全与工业卫生设施（包括安全设施和职业病防护设施）阶段验收，并在电站枢纽工程专项验收完成后 2 个月内完成劳动安全与工业卫生专项验收。

（2）劳动安全与工业卫生专项验收由工程项目的安全设施验收和职业病防护设施验收两部分组成。

（3）劳动安全与工业卫生专项竣工验收。基建项目单位应根据相关规定，在具备相应的专项验收条件时，按规定委托验收主持单位开展验收工作。验收主持单位与工程所在地的省级政府安全监管部门、能源主管部门等单位组成验收委员会，并组织相关专业的技术专家成立专家组。

（4）项目公司组织相关单位对验收委员会提出的问题进行整改完善，跟踪劳动安全与工业卫生专项验收工作进展情况，获取《劳动安全与工业卫生专项竣工验收鉴定书》。

 工程档案专项验收有哪些基本规定？

（1）工程档案专项验收由项目公司按相关法规办理，在项目竣工验收 3 个月之前完成档案专项验收。

（2）工程档案专项验收由国家档案局（或委托省级档案局）组织，会同省级档案局、上级单位公司办公厅（档案馆）等部门组成验收组，对工程档案进行专项验收，提出存在问题、整改要求与建议。基建项目单位组织设计、监理、施工等单位配合工程档案专项验收，并对工程档案专项验收提出的问题进行整改。项目建设单位跟踪并取得工程档案专项验收意见。

 工程竣工决算验收有哪些基本规定？

（1）竣工决算验收应由项目公司上级投资管理单位负责，与工程所在地省级人民政府投资主管部门协调，委托有业绩、有能力的单位作为技术主持单位，并组织成立验收委员会。

（2）工程竣工决算专项验收前，工程应通过枢纽工程、环境保护、水土保持、消防、劳动安全与工业卫生专项验收或备案；建设征地移民安置通过验收，或其投资已基本确定。

（3）项目公司已编制完成水电工程竣工决算报告，竣工决算报告由国家各级审计部门或有资质的社会中介机构完成竣工决算审计，出具竣工决算审计报告，且项目法人根据审计意见实施了整改。

（4）技术主持单位提出竣工决算验收评审意见，验收委员会通过召开竣工决算验收会议，形成竣工决算验收鉴定书。

工程竣工验收有哪些基本规定？

（1）工程竣工验收由省级人民政府能源主管部门负责，委托有业绩、能力单位作为验收主持单位，组织验收委员会进行，省级人民政府能源主管部门也可直接作为验收主持单位组织验收。

（2）工程竣工验收是对工程的总验收，竣工验收前，应已完成枢纽工程、建设征地移民安置、环境保护、水土保持、消防、劳动安全与工业卫生、工程档案、工程决算等全部专项验收，项目公司按照相关规定做好准备工作，向省级人民政府能源主管部门报送开展工程竣工验收工作的申请，并抄送技术主持单位。

（3）项目公司跟踪竣工验收进展情况，取得工程竣工验收鉴定书及省级人民政府能源主管部门颁发的竣工验收证书（批复文件）。

标段完工结算的管理要求是什么？

（1）工程竣工结算报告：通常也称完工结算报告，是指一个建筑安装工程竣工验收后，在工程进度款结算的基础上，根据合同约定、工程变更及索赔等情况，由施工单位编制、监理单位审核、基建单位审批的，以表达工程造价为主要内容，并作为结算工程价款的文件。

（2）基建单位应在分部工程验收阶段时对分部工程量进行阶段确认，工程竣工验收后及时对竣工工程量进行最终确认。

（3）工程竣工结算价款支付应以基建单位、施工单位、竣工结算审计机构三方确认的工程造价为依据；有关方不能达成一致意见时，应按合同约定争议解决方式进行处理。经过外部审计机构审减费用的合同项目，最终合同工程价款的确定应当以外部审计机构出具的审计报告（或审计定案单）为依据。

（4）各环节审核《工程竣工结算报告》形成的审核意见或结论，作为《工程竣工结算报告》组成的一部分。

（5）项目单位应在筹建期工程、主体工程、机电安装工程等主要施工标段的全部单位工程验收后 6 个月内完成标段完工结算，其他工程应在全部单位工程验收后 3 个月内完成标段完工结算。项目单位应在最后一台机组投运 10 个月内完成所有非尾工施工标段完工结算。

（6）项目单位应及时对本单位当年工程结算工作进行梳理，应于每年 12 月 10 日前将次年度标段完工结算计划报公司基建部备案（含零备案），备案文件需签字盖章。

（7）项目单位应根据标段完工结算开展情况，于每年 6 月 25 日、12 月 10 日向公司基建部备案本年度标段完工结算计划执行情况。备案文件包括签字盖章的标段完工结算工作进度情况表、已完标段工程完工结算相关资料等。

5-18 标段竣工结算报告编制各方准备工作是什么？

1. 施工单位

（1）梳理竣工工程量，整理工程量确认单（或签证单），编制工程量计算书，填写《竣工结算工程量审核清单》，提交监理单位、基建单位工程部（物流中心）审核后填写《竣工结算工程量汇总表》，经三方签字确认的《竣工结算工程量汇总表》作为施工单位编制《工程竣工结算报告》基础数据。

（2）含有甲供材料的施工项目，施工单位依据中间核销情况及最终确认的竣工结算工程量，编制最终《甲供材料核销报告》，与《工程竣工结算报告》同步报送监理单位。

（3）超合同工期竣工项目，施工单位应在竣工验收后 20 天内编制完成

《工期分析报告》报送监理单位，界定延期竣工责任。

2. 监理单位

（1）监理单位协调、组织、督促基建单位工程部（物流中心）及施工单位等有关方确认竣工工程量，对《竣工结算工程量汇总表》签字确认。

（2）监理单位视具体情况组织基建单位工程部（物流中心）、计划合同部及施工单位等有关方召开专题会议，研究影响竣工结算的工程量、工期、索赔、结算费用等问题，并形成会议纪要。

3. 基建单位

（1）基建单位工程部（物流中心）梳理合同执行情况，审核竣工工程量，提交基建单位计划合同部审核确认。

（2）基建单位计划合同部对有关合同的变更、索赔、违约等费用问题应按照《××标段项目竣工结算计划》，限期处理完毕；编制与合同清单、变更、索赔等项目对应的概算编码发至施工单位，以便在竣工结算计价表中打印。

（3）基建单位人事综合部应根据竣工结算审核进度情况，提前与竣工结算审计机构沟通，确保及时开展各项工程竣工结算审计。

 竣工结算审查期限是多久？

（1）合同中未明确约定竣工结算编报时限的，施工单位应在主体工程竣工验收后 84 天内、非主体工程竣工验收后 42 天内完成编制、上报工作。

（2）监理单位在收到竣工结算后，应在 7 天内提出初审意见。施工单位按初审意见修改完成后，合同中未明确约定审核时限的，主体工程应在 28 天内完成复审，非主体工程应在 14 天内完成复审。

（3）基建单位工程部（物流中心）完成工程量和技术文件等内容审核。主体工程应在 21 天内完成审核，非主体工程应在 10 天内完成。基建单位计划合同部完成商务部分的审核，主体工程应在 28 天内完成审核，非主体工程应在 14 天内完成。内部审计部门进行内部审计，主体工程应在 14 天内完成审核，非主体工程应在 7 天内完成。

标段竣工结算阶段，其他费用项目如何计算？

其他项目费用按下列规定计算：

（1）计日工应按监理人和发包人实际签证确认的事项计算。

（2）总承包服务费应依据合同约定金额计算，如发生调整的，以发、承包双方确认的金额计算。

（3）索赔费用应依据发、承包双方确认的索赔事项和金额计算。

（4）现场签证费用应依据发、承包双方签证资料确认的事项和金额计算。

（5）结余的暂列金额归发包人。

 如何保证申报标段竣工结算资料规范性？

标段竣工结算资料包括结算书、工程量计算书、施工合同、竣工图、竣工资料、图纸会审记录、工程洽商记录、设计变更、监理工程师通知或业主施工指令、会议纪要、甲定乙供材料定价确认单、招标文件/中标通知书、其他结算资料等，各类资料规范性要求如下：

1. 结算书

每项工程的结算书要求分两部分组成：

第一部分是竣工图部分，要求包括施工图、图纸会审记录、设计变更、工程洽商记录、监理工程师通知或业主施工指令等部分的内容，这部分内容包括合同价和变更合同价，变更合同价部分按资料和计算书顺序逐项以"宗"计算；

第二部分由现场签证和其他有关费用组成，现场签证子目应按现场签证的时间先后排序，对项目内容一样但签证单号不一样的要求合并在一起计价。

上述两部分不应有重复列项的内容。

2. 工程量计算书

工程量计算书应由工程量汇总表和详细工程量计算式组成，工程量汇总表排列序号、工程结算书排列序号及详细工程量计算式排列序号三者顺序应一致。

详细工程量计算式上应注明图号；工程量应有详细的计算表达式、小计和合计，小计和合计应注明它们的范围，施工图、图纸会审记录、设计变更、工程洽商记录、监理工程师通知或业主施工指令等部分的内容应在工程量计算式中一次计算。

现场签证应注明签证单号，对项目内容一样但签证单号不一样的要求合并在一起计算，但必须反映出合并后的总数由哪些签证单的哪几笔数组成。

3. 施工合同

包括甲方（指业主）与乙方（指施工单位）签订的承发包施工合同、经甲方确认的乙方与第三方签订的分包合同、各类补充合同、合同附件、合同协议书等，不仅要提供主体工程施工合同，而且要提供新增工程施工合同和变更工程施工合同，要求将上述合同文件列出总目录按顺序整理装订成册。

4. 竣工图

用于结算的竣工图必须有施工单位竣工图专用章及其相关人员签字，同时要求有监理单位和项目部的审核人签字和单位盖章确认。图纸会审记录、设计变更、工程洽商记录、监理工程师通知或业主施工指令等内容均应反映在相应的竣工图上（具体如下：将变更或洽商内容简明扼要地标注在竣工图相应位置上，但必须注明标注的内容引自的具体位置，即由哪一本资料的哪一页哪一条而来）。对未在竣工图上反映的图纸会审记录、设计变更和工程洽商记录等，其费用的增减，结算审核时不予调整。

5. 竣工资料

这里所指的竣工资料是指工程质量监督站在工程验收时所需的所有资料。具体包括开工报告、竣工报告、工程质量验收评定证书、材料检验报告、产品质量合格证、经业主批准的施工组织设计或施工方案、隐蔽工程验收记录、安装工程的调试方案和调试记录等。竣工资料要求监理单位和发包人项目部负责人在确认表上盖章确认，以证明竣工资料上的相关内容与需审核工程的实际内容一致。整理装订成册的竣工资料需编制总目录，并在每一页的下方统一编号，以便于查找。

6. 图纸会审记录

要求按图纸会审的时间先后整理装订成册，然后在每一页的下方统一编号，以便于竣工图图纸会审记录标注内容的查找，对同一部位在不同时间的图纸会审记录必须以最后实施且完工的内容作为竣工图的标注内容。图纸会审记录须有各参加会审人员签字及会审单位盖章确认。

7. 工程洽商记录

要求根据工程洽商记录的时间先后整理装订成册，然后在每一页的下方统一编号，以便于竣工图工程洽商记录标注内容的查找，对同一部位在不同时间的工程洽商记录必须以最后实施且完工的内容作为竣工图的标注内容。工程洽商记录要求有设计人员的签名及设计单位的盖章，同时要求有监理、咨询和业主相关人员的签字和单位盖章确认。

8. 设计变更

要求按设计变更的时间先后整理装订成册，然后在每一页的下方统一编号，以便于竣工图设计变更标注内容的查找，对同一部位在不同时间的设计变更必须以最后实施且完工的内容作为竣工图的标注内容。设计变更要求有设计人员的签名及设计单位的盖章，同时要求有监理、咨询和业主同意按相关的设计变更进行施工的签认意见和单位盖章确认。

9. 监理工程师通知或业主施工指令

要求根据监理工程师通知或业主施工指令的时间先后整理装订成册，然后在每一页的下方统一编号，监理工程师通知或业主施工指令只要求将涉及工程的内容标注在竣工图上，对同一部位在不同时间的监理工程师通知或业主施工指令必须以最后实施且完工的内容作为竣工图的标注内容。监理工程师通知或业主施工指令要求有监理、咨询和业主相关人员的签字和单位盖章确认。

10. 会议纪要

工程质量、安全、技术、经济等现场协调会会议纪要等。要求根据会议纪要的时间先后整理装订成册，然后在每一页的下方统一编号，会议纪要只要求将涉及工程的内容标注在竣工图上。会议纪要要求有项目办盖章确认。

11. 甲定乙供材料定价确认单

要求根据现场签证的时间先后整理装订成册，然后在每一页的下方统一编号，现场签证要求有监理、咨询和业主相关人员签字和单位盖章确认。

12. 招标文件 / 中标通知书

招标文件包括招标图纸、招标文件、招标答疑纪要、投标须知、问题澄清等。招标文件应整理装订成册，并编制总目录，包括技术标、经济标、投标承诺书、投标补充函、中标通知书。

13. 其他结算资料

凡上述未提及而在结算中需要的资料均需提供，例如：施工日记、地质勘察报告、非常用的标准图集、应由施工单位承担而由建设单位支付的费用证明如甲方代缴施工水电费票据证明等。

 5-22 **完工总结算报告编制有哪些要求？**

（1）完工总结算是以竣工结算和实际发生的其他建设及管理费用为基础编制的反映水电工程建设项目全部实际投资的文件，是编制工程竣工决算的基础。

（2）项目单位应在机组全部投产、工程主体标段完成完工结算、主要设备采购合同最终结算价款已确定的基础上编制项目完工总结算报告，并宜在 3 个月内编制完成。

（3）完工总结算报告应按照《抽水蓄能完工总结算报告编制导则》编制方法、编制规定和编制要求实施，工程总投资构成与核准概算表现形式一致，形成核准概算表现形式的完工总结算成果，如项目发生概算调整，应按经审查批准的调整概算投资构成进行概算回归。

（4）完工总结算与核准概算或调整概算对比至概算二级项目（单位工程），分析计算完工总结算与核准概算或调整概算的投资增减额度及变化幅度，并说明主要原因。对工程中投资占比大、投资增减额度大或投资变化幅度高的项目，从工程量、价格等角度说明引起投资变化的主要原因。

（5）完工总结算报告编制完成后及时报上级单位基建部，上级单位基建部对完工总结算成果进行审查。

 5-23 **完工结算报告主要组成内容是什么？**

完工结算报告主要包括以下内容：

（1）编制说明包括工程概况、编制原则和依据、完工结算投资编制主要内容及编制办法、完工结算与执行概算或者核准概算的投资对比分析、项目投资管控总结和建议。

（2）完工结算报表、对比分析表及附件：

1）执行概算表现形式报表：①完工结算报表包括完工总结算总表、枢纽工程完工总结算表、前期施工准备工程完工总结算表、主体建筑安装工程完工总结算表、设备采购工程完工总结算表、专项工程完工总结算表、项目技术服务费完工总结算表、项目管理费完工总结算表、建设征地移民安置补偿完工总结算表、建设期利息完工总结算表、尾工工程及预留费用汇总表；②对比分析表包括完工总结算与执行概算投资对比分析总表、前期施工准备工程投资对比分析表、主体建筑安装工程投资对比分析表、设备采购工程投资对比分析表、专项工程投资对比分析表、项目技术服务费投资对比分析表和项目管理费投资对比分析表；③其他补充的附表和附件。

2）核准概算表现形式报表：①完工结算报表包括完工总结算概算回归总表、枢纽工程概算回归表、施工辅助工程概算回归表、建筑工程概算回归表、环境保护和水土保持专项工程概算回归表、机电设备及安装工程概算回归表、金属结构设备及安装工程概算回归表、枢纽工程独立费用概算回归表、建设征地移民安置补偿概算回归表、建设期利息概算回归表、尾工工程及预留费用概算回归汇总表；②对比分析表包括完工总结算与核准概算（或调整概算）投资对比分析总表、施工辅助工程投资对比分析表、建筑工程投资对比分析表、环境保护和水土保持专项工程投资对比分析表、机电设备及安装工程投资对比分析表、金属结构设备及安装工程投资对比分析表和独立费用对比分析表；③其他补充的附表和附件。

 完工结算报告工程总投资组成？

1.执行概算表现形式的工程总投资构成

工程总投资由枢纽工程投资、建设征地移民安置补偿投资和建设期利息三部分构成。枢纽工程投资包括前期施工准备工程投资、主体建筑安装工程投资、设备采购工程投资、专项工程投资、项目技术服务费和项目管理费六项；建设征地移民安置补偿投资包括农村部分费用、城镇部分费用、专业项目部分费用、独立行政机关和企事业单位费用、水库库底清理费用和独立费用六项（见图5-1）。

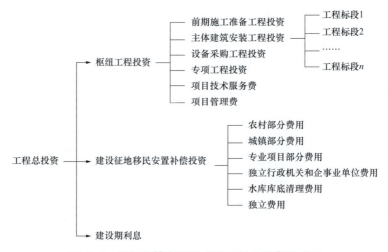

图 5-1 执行概算表现形式的工程总投资构成图

2. 核准概算表现形式的工程总投资组成

工程总投资中枢纽工程投资、建设征地移民安置补偿投资和建设期利息三部分构成。枢纽工程投资包括施工辅助工程投资、建筑工程投资、环境保护和水土保持专项工程投资、机电设备及安装工程投资、金属结构设备及安装工程投资、独立费用和增值税七项；建设征地移民安置补偿投资包括农村部分费用、城镇部分费用、专业项目部分费用、独立行政机关和企事业单位费用、水库库底清理费用和独立费用六项（见图 5-2）。

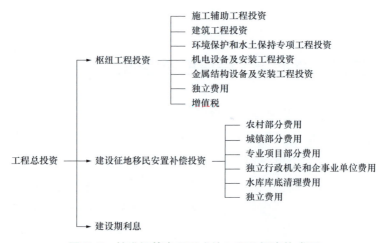

图 5-2 核准概算表现形式的工程总投资构成图

5-25　完工结算报告中执行概算表现形式的枢纽工程投资编制要点？

1. 前期准备工程和主体建筑安装工程

结合项目实施进度和完工总结算报告编制时点，将前期准备工程和主体建筑安装工程标段划分为已完成竣工结算标段、已签订合同未完成竣工结算标段和未签订合同标段三种类型分别进行编制。标段投资包括清单项目、工程变更及索赔、集供材料费扣减、甲供材料费扣减、标段价差、增值税和甲供材料采购费，其中清单项目、工程变更及索赔、集供材料费扣减、甲供材料费扣减和标段价差不包含增值税，甲供材料采购费包含增值税。

（1）已完成竣工结算标段投资：以竣工结算成果为基础，按合同材料供应相关条款的约定，经分析后按清单项目、工程变更及索赔、集供材料费扣减、甲供材料费扣减、标段价差、增值税和甲供材料采购费计列。①清单项目按照竣工结算确定的清单项目工程量乘合同单价计算；②工程变更及索赔按照竣工结算确定的费用计列；③集供材料费扣减按竣工结算确定的材料工程量乘集供单价计算；④甲供材料费扣减按完工总结算报告编制时已发生和预计发生的材料用量乘以合同指定价计算；⑤标段价差按照实际发生价差计列；⑥增值税按照实际缴纳费用计列；⑦甲供材料采购费按照竣工结算确定的材料用量乘实际采购价格（含材料增值税）计算。

（2）已签订合同未完成竣工结算标段投资：按清单项目、工程变更及索赔、集供材料费扣减、甲供材料费扣减、标段价差、增值税和甲供材料采购费计列。①清单项目按完工总结算报告编制时清单项目已发生和预计发生的工程量乘以合同单价计算；②工程变更及索赔按完工总结算报告编制时已发生和预计发生的费用计列；③集供材料费按完工总结算报告编制时已发生和预计发生的材料工程量乘以集供单价计算；④甲供材料费扣减按完工总结算报告编制时已发生和预计发生的材料用量乘以合同指定价计算；⑤标段价差按实际发生价差计列；⑥已缴纳的增值税按实际缴纳费用计列，未缴纳的增值税按不含税部分投资乘以对应的增值税税率计算；⑦甲供材料采购费按完工总结算报告编制时已发生和预计发生的材料用量乘以实际采购单价（含材料增值税）计算。

（3）未签订合同标段投资：根据最新设计成果和实际情况分析计算后，按预计清单项目和增值税计列。

2. 设备采购工程

结合项目实施进度和完工总结算报告编制时点，将设备采购工程标段划分为已确定合同价款标段、已签订合同未确定合同价款标段和未签订合同标段三种类型分别进行编制。标段投资包括清单项目、工程变更及索赔和增值税，其中清单项目、工程变更及索赔不包含增值税。

（1）已确定合同价款标段：按清单项目、工程变更及索赔和增值税计列。①清单项目按已确定的清单项目工程量乘以合同单价计算；②工程变更及索赔按已确定的费用计列；③增值税按照实际缴纳费用计列。

（2）已签订合同未确定合同价款标段：已签订合同未确定合同价款标段按清单项目、工程变更及索赔和增值税计列，计算方式与主体建筑安装工程已签订合同未完成竣工结算标段计算方式一致。

（3）未签订合同标段：根据最新设计成果和实际情况分析计算后，按预计清单项目和增值税计列。

3. 专项工程

区分建筑安装类和设备采购类专项工程，建筑安装类专项工程按上述前期准备工程和主体建筑安装工程投资编制原则编制，设备采购类专项工程按上述设备采购工程投资编制原则编制。

4. 项目技术服务费

已发生费用按实际发生费用计列，未发生费用根据合同及实施情况分析计算。

5. 项目管理费

已发生费用按实际发生费用计列，未发生费用根据合同及实施情况分析计算。其中，生产准备费计算的截止时间为工程第一台机组投产，试运行期间的发电收入应冲减生产准备费。

完工结算报告中核准概算表现形式的工程总投资编制要点？

1. 概算回归的原则

在执行概算表现形式成果的基础上，按核准概算投资构成进行概算回归，形成核准概算表现形式的完工总结算成果；按核准概算的投资构成，对完工总结算进行概算回归，如项目发生概算调整，应按经审查批准的调整概算投资构成进行概算回归；完工总结算概算回归前后总投资保持一致。

2. 概算回归的办法

（1）按核准概算枢纽工程中施工辅助工程、建筑工程、环境保护和水土保持工程、机电设备及安装工程、金属结构设备及安装工程的相应项目组成及划分，对完工总结算标段内项目按项目类型、项目属性、招标文件约定的边界条件、与概算按指标或百分率计算项目的相互关系、与概算定额及单价取费费率的相互关系等，经分析后进行概算回归。

（2）按核准概算建设征地移民安置补偿部分中包括的农村部分、城镇部分、专业项目部分、独立行政机关和企事业单位、水库库底清理，对完工总结算中建设征地移民安置补偿相应项目及投资进行概算回归。

（3）独立费用部分的概算回归，结合核准概算对应的独立费用项目划分，对完工总结算中属于枢纽工程部分的项目管理费、项目技术服务费，属于建设征地和移民安置补偿部分的独立费用，标段一般项目中包括的属独立费用范畴的项目及投资，经分析后进行概算回归。

（4）完工总结算标段中属于核准概算基本预备费及价差预备费部分的投资不单独进行概算回归，与标段其他内容共同计列在核准概算各分项中。

（5）建设期利息采用完工总结算中计列的建设期实际发生费用。

5-27　竣工决算编制内容有哪些？

竣工决算是在工程竣工验收投产后由项目建设单位编制，以实物数量和货币指标为计量单位，全面反映建设项目从筹建到竣工投产全过程的各项建设资金使用情况、设计概算执行情况、项目建设成果情况、交付资产情况，是涵盖建设项目前期筹备、招标采购、施工技术、工程管理、造价结算、资产管理、会计核算等多方面综合性文件，是对建设项目全过程及建设成果的全面总结。

抽水蓄能电站竣工决算报告内容主要有 7 项，分别为工程竣工决算报告封面及目录，工程项目核准文件、可行性研究报告批准文件、概算批准文件、执行概算批准文件、项目开工批复文件和竣工验收报告，竣工工程全景或工程总平面示意图，主体工程实物彩照，工程竣工决算报告说明书，工程竣工决算报表（四大类 19 种），审计机构出具的工程结算审核报告，其他重要文件。

 竣工决算验收主要程序是怎样的？

（1）项目法人上级投资管理单位接到符合要求的验收申请报告后，组织成立验收委员会开展竣工决算验收工作。

（2）技术主持单位编制并印发决算验收工作大纲，提出验收工作计划和准备工作要求，可根据需要组织现场检查工程实际状况，包括确认主要建筑物已经建成、主要设备已购置安装完毕，检查尾工工程情况等。

（3）技术主持单位通过评审竣工决算报告，查阅竣工决算审计报告等资料，应提出竣工决算验收评审意见。竣工决算验收评审主要内容：①竣工决算审计报告提出的整改意见的落实情况；②经审计后的竣工决算报告是否满足验收要求。

（4）验收委员会召开工程竣工决算验收会议，讨论形成竣工决算验收鉴定书。

（5）技术主持单位向委托单位报送验收鉴定书，并抄送有关单位。

 竣工决算报告评审有哪些重点关注内容？

（1）决算的编制依据和方法、项目组成、报告文件组成内容是否符合现行行业标准《水电工程竣工决算报告编制规定》的要求。

（2）评审工程价款结算情况，主要包括：工程价款是否按有关规定和合同协议进行结算；对于多算和重复计算工程量、高估冒算建筑材料价格等问题是否予以审减；单位工程和单项工程造价是否在合理或国家标准范围，是否存在严重偏离当地同期同类工程造价水平问题。

（3）评审项目核算管理情况，主要包括：建设成本核算是否准确，对于超过批准建设内容发生的支出、不符合合同协议的支出、非法收费和摊派，以及无发票或者发票项目不全、无审批手续、无责任人员签字的支出和因设计单位、施工单位、供货单位等原因造成的工程报废损失等不属于本项目应当负担的支出，是否按规定予以审减；待摊投资支出及其分摊是否合理合规；待核销基建支出有无依据，是否合理合规；转出投资有无依据，是否已落实接收单位；决算报表所填列的数据是否完整，表内和表间勾稽关系是否清晰、正确。

（4）评审项目资金管理情况，主要包括：项目建设资金筹集是否符合国家有关规定，筹资成本控制是否合理；建设资金到位和使用情况；基建收入和结余资金计算和处置情况。

（5）评审项目基本建设程序执行及建设管理情况，主要包括：项目决策程序是否科学规范，项目预可行性研究、可行性研究、审批或核准重大设计变更和调整概算等是否符合国家相关规定；建设管理是否符合国家有关建设管理制度要求，是否建立和执行了法人责任制、工程监理制、招投标制、合同制；是否制定了相应的内控制度，内控制度是否健全完善、有效；招投标执行情况和项目建设工期控制情况。

（6）评审项目概算执行情况，主要包括：项目是否按照审批或核准的概算内容实施，有无超标准、超规模超概算建设现象，有无概算外项目和擅自提高建设标准、扩大建设规模、未完成建设内容等问题；项目在建设过程中历次检查和审计所提的重大问题是否已经整改落实；尾工工程及预留费用是否控制在概算确定的范围内，预留的金额和比例是否合理。

（7）评审交付使用资产情况，主要包括：项目形成资产是否真实、准确、全面反映，计价是否准确，资产接收单位是否落实；是否正确按资产类别划分固定资产、流动资产、无形资产；交付使用资产实际成本是否完整，是否符合交付条件，移交手续是否齐全。

（8）评审项目投资效益情况，包括工程项目的经济效益、社会效益、环境效益。

（9）竣工决算审计报告提出的整改意见的落实情况。

 如何保证竣工决算编制进度？

（1）建立详细的工作计划：在竣工阶段前制定详细的工作计划，明确每个工作任务的时间节点和责任人。将竣工决算编制工作分解为具体的子任务，并合理安排时间，确保各项任务按时完成。

（2）分配专人负责：指定专人负责竣工决算编制工作，确保有人专门负责协调和推进工作进度。该人员需要具备相关专业知识和经验，能够协调各方合作，解决问题，保证工作进展顺利。

（3）提前准备资料：在竣工阶段前，尽量提前准备好所需的资料和数据。这包括核准概算及其调整文件，工程设计、筹建、核准或批准、开工和工程实施管理等有关文件资料，工程、设备和主材招（投）标有关资料及有关合同执行情况，预备费动用情况等，提前准备资料可以节省时间，提高工作效率。

（4）引入第三方专业机构的审查：可以引入第三方专业机构对竣工决算编制工作进行审查，他们具有专业的知识和经验，可以对编制过程进行独立的审查和评估，确保编制的决算报告的准确性和完整性。

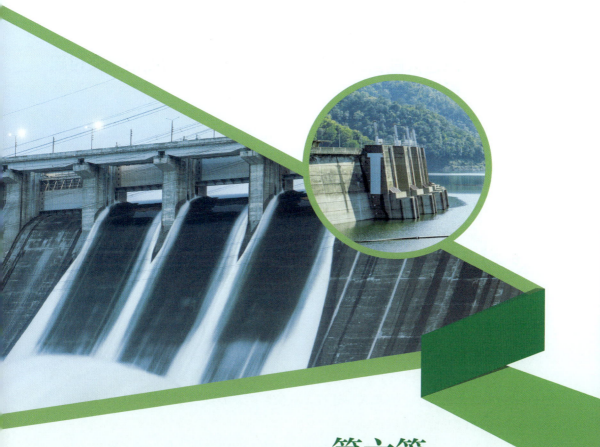

第六篇

合规篇

6-1 承包人能否以发包人未付清工程款为由拒绝交付建设工程？

不能。不得就不动产行使留置权，但其享有优先受偿权。

《民法典》第四百四十七条规定：债务人不履行到期债务，债权人可以留置已经合法占有的债务人的动产，并有权就该动产优先受偿。前款规定的债权人为留置权人，占有的动产为留置财产。

6-2 工程在竣工验收之前发包人已经投入使用，能否以工程未经过竣工验收拒付工程款？

不能。建设工程未经竣工验收，发包人擅自使用的，以转移占有建设工程之日为竣工日期。

《最高人民法院关于审理建设工程施工合同纠纷案件适用法律问题的解释（一）》第九条规定：当事人对建设工程实际竣工日期有争议的，人民法院应当分别按照以下情形予以认定。

（1）建设工程经竣工验收合格的，以竣工验收合格之日为竣工日期。

（2）承包人已经提交竣工验收报告，发包人拖延验收的，以承包人提交验收报告之日为竣工日期。

（3）建设工程未经竣工验收，发包人擅自使用的，以转移占有建设工程之日为竣工日期。

6-3 质量保证金诉讼时效自何时开始起算？

自竣工验收合格之日起计算的保修期满后开始计算诉讼时效。（注：若当事人约定的保修期低于法律规定的最低保修期限的，应自法律规定的最低保修后开始计算诉讼时效。）

《建设工程质量管理条例》第四十条规定：在正常使用条件下，建设工程的最低保修期限为。

（1）基础设施工程、房屋建筑的地基基础工程和主体结构工程，为设计文件规定的该工程的合理使用年限。

（2）屋面防水工程、有防水要求的卫生间、房间和外墙面的防渗漏，为5年。

（3）供热与供冷系统，为2个采暖期、供冷期。

（4）电气管线、给排水管道、设备安装和装修工程，为2年。其他项目的保修期限由发包方与承包方约定。建设工程的保修期，自竣工验收合格之日起计算。

 ## 质量保证金应何时返还？

（1）对于质量保证金返还期限有约定的，返还期限为约定的返还期限届满之日；因发包人原因建设工程未按约定期限进行竣工验收的，自承包人提交工程竣工验收报告九十日后当事人约定的工程质量保证金返还期限届满。

（2）对于质量保证金返还期限未作约定的，返还期限为自建设工程通过竣工验收之日起满二年；因发包人原因建设工程未按约定期限进行竣工验收的，自承包人提交工程竣工验收报告九十日后起满二年。

《最高人民法院关于审理建设工程施工合同纠纷案件适用法律问题的解释（一）》第十七条规定：有下列情形之一，承包人请求发包人返还工程质量保证金的，人民法院应予支持。

（1）当事人约定的工程质量保证金返还期限届满。

（2）当事人未约定工程质量保证金返还期限的，自建设工程通过竣工验收之日起满二年。

（3）因发包人原因建设工程未按约定期限进行竣工验收的，自承包人提交工程竣工验收报告九十日后当事人约定的工程质量保证金返还期限届满；当事人未约定工程质量保证金返还期限的，自承包人提交工程竣工验收报告九十日后起满二年。

发包人返还工程质量保证金后，不影响承包人根据合同约定或者法律规定履行工程保修义务。

质量保证金返还之后，承包人是否仍需就所承建工程承担保修责任？

发包人返还工程质量保证金后，不影响承包人根据合同约定或者法律规定履行工程保修义务。

《最高人民法院关于审理建设工程施工合同纠纷案件适用法律问题的解释（一）》第十七条规定：有下列情形之一，承包人请求发包人返还工程质量保证金的，人民法院应予支持。

（1）当事人约定的工程质量保证金返还期限届满。

（2）当事人未约定工程质量保证金返还期限的，自建设工程通过竣工验收之日起满二年。

（3）因发包人原因建设工程未按约定期限进行竣工验收的，自承包人提交工程竣工验收报告九十日后当事人约定的工程质量保证金返还期限届满；当事人未约定工程质量保证金返还期限的，自承包人提交工程竣工验收报告九十日后起满二年。

发包人返还工程质量保证金后，不影响承包人根据合同约定或者法律规定履行工程保修义务。

 质量保证金约定的返还期限早于关于保修期强制性规定的最低保修期限，发包人可以据此要求待保修期满再行支付质量保证金吗？

不能。质量保证金的返还期限遵循当事人意思自治原则，有约定从约定，因此质量保证金返还期限可以早于保修期届至期限，但发包人返还工程质量保证金后，不影响承包人根据合同约定或者法律规定履行工程保修义务。

（注：若当事人约定的保修期短于保修期强制性规定的最低保修期限，承包人不得据此拒绝承担法律规定的最低保修期内的保修义务。）

《民法典》第一百五十三条规定：违反法律、行政法规的强制性规定的民事法律行为无效。但是，该强制性规定不导致该民事法律行为无效的除外。违背公序良俗的民事法律行为无效。

 6-7 签订合同时承包人未具备建筑业企业资质，竣工验收时取得了建筑业企业资质，建设工程施工合同是否有效？

无效。

《最高人民法院关于审理建设工程施工合同纠纷案件适用法律问题的解释（一）》第一条规定：建设工程施工合同具有下列情形之一的，应当依据民法典第一百五十三条第一款的规定，认定无效。

（1）承包人未取得建筑业企业资质或者超越资质等级的。

（2）没有资质的实际施工人借用有资质的建筑施工企业名义的。

（3）建设工程必须进行招标而未招标或者中标无效的。

承包人因转包、违法分包建设工程与他人签订的建设工程施工合同，应当依据民法典第一百五十三条第一款及第七百九十一条第二款、第三款的规定，认定无效。

 6-8 建设工程施工合同已经约定工程价款为固定价，一方能否就工程造价提出鉴定申请？

不能。

《最高人民法院关于审理建设工程施工合同纠纷案件适用法律问题的解释（一）》第二十八条规定：当事人约定按照固定价结算工程价款，一方当事人请求对建设工程造价进行鉴定的，人民法院不予支持。

 6-9 建设工程施工合同约定了计价方式或计价标准，能否对工程款结算再进行司法鉴定？

如果当事人对工程量或者工程范围均无异议，可以以约定的计价方式或计价标准计算出工程款的，则法院不应允许对工程款结算进行司法鉴定。

6-14 **发包人能否以承包人未在约定期限内提出工期顺延申请为由主张工期不顺延？**

可以，但前提是合同约定承包人未在约定期限内提出工期顺延申请则视为工期不顺延。

《最高人民法院关于审理建设工程施工合同纠纷案件适用法律问题的解释（一）》第十条规定：当事人约定顺延工期应当经发包人或者监理人签证等方式确认，承包人虽未取得工期顺延的确认，但能够证明在合同约定的期限内向发包人或者监理人申请过工期顺延且顺延事由符合合同约定，承包人以此为由主张工期顺延的，人民法院应予支持。

当事人约定承包人未在约定期限内提出工期顺延申请视为工期不顺延的，按照约定处理，但发包人在约定期限后同意工期顺延或者承包人提出合理抗辩的除外。

 6-15 **工程质量不符合约定，发包人可以以此要求减少支付工程价款吗？**

因承包人的原因造成建设工程质量不符合约定，承包人拒绝修理、返工或者改建，发包人可以请求减少支付工程价款。

《民法典》第五百八十二条规定：履行不符合约定的，应当按照当事人的约定承担违约责任。对违约责任没有约定或者约定不明确，依据本法第五百一十条的规定仍不能确定的，受损害方根据标的的性质以及损失的大小，可以合理选择请求对方承担修理、重作、更换、退货、减少价款或者报酬等违约责任。

《最高人民法院关于审理建设工程施工合同纠纷案件适用法律问题的解释（一）》第十二条规定：因承包人的原因造成建设工程质量不符合约定，承包人拒绝修理、返工或者改建，发包人请求减少支付工程价款的，人民法院应予支持。

建设工程质量缺陷，发包人在何种情形下也需承担过错责任？

（1）提供的设计有缺陷。

（2）提供或者指定购买的建筑材料、建筑构配件、设备不符合强制性标准。

（3）直接指定分包人分包专业工程。

《最高人民法院关于审理建设工程施工合同纠纷案件适用法律问题的解释（一）》第十三条规定：发包人具有下列情形之一，造成建设工程质量缺陷，应当承担过错责任。

（1）提供的设计有缺陷。

（2）提供或者指定购买的建筑材料、建筑构配件、设备不符合强制性标准。

（3）直接指定分包人分包专业工程。承包人有过错的，也应当承担相应的过错责任。

 当事人对于欠付工程款利息没有约定的，承包人能否主张利息？

可以主张利息。对利息计付标准有约定从约定。没有约定的，按照同期同类贷款利率或者同期贷款市场报价利率计息。

《最高人民法院关于审理建设工程施工合同纠纷案件适用法律问题的解释（一）》第二十六条规定：当事人对欠付工程价款利息计付标准有约定的，按照约定处理。没有约定的，按照同期同类贷款利率或者同期贷款市场报价利率计息。

 利息起算时间如何确定？

利息从应付工程价款之日开始计付。若对付款时间未约定或者约定不明，则应付款之日按照《最高人民法院关于审理建设工程施工合同纠纷案件适用法律问题的解释（一）》第二十七条执行，即利息从应付工程价款之日开始计付。当事人对付款时间没有约定或者约定不明的，下列时间视为应付款时间：

（1）建设工程已实际交付的，为交付之日。

（2）建设工程没有交付的，为提交竣工结算文件之日。

（3）建设工程未交付，工程价款也未结算的，为当事人起诉之日。

 实际施工人能否起诉转包人、违法分包人或者发包人作为被告？

可以。

实际施工人以发包人为被告主张权利的，人民法院应当追加转包人或者违法分包人为本案第三人。

《最高人民法院关于审理建设工程施工合同纠纷案件适用法律问题的解释（一）》第四十三条规定：实际施工人以转包人、违法分包人为被告起诉的，人民法院应当依法受理。

实际施工人以发包人为被告主张权利的，人民法院应当追加转包人或者违法分包人为本案第三人，在查明发包人欠付转包人或者违法分包人建设工程价款的数额后，判决发包人在欠付建设工程价款范围内对实际施工人承担责任。

第四十四条规定：实际施工人依据民法典第五百三十五条规定，以转包人或者违法分包人怠于向发包人行使到期债权或者与该债权有关的从权利，影响其到期债权实现，提起代位权诉讼的，人民法院应予支持。

 发包人未对隐蔽工程及时进行检查，承包人能否据此顺延工期？

可以。

《民法典》第七百九十八条规定：隐蔽工程在隐蔽以前，承包人应当通知发包人检查。发包人没有及时检查的，承包人可以顺延工程日期，并有权请求赔偿停工、窝工等损失。

承包人将工程分包他人所签订合同是否一定为无效？

不一定。转包、违法分包合同因违反法律、行政法规的强制性规定从而无效，但承包人经发包人同意，可以将自己承包的部分工作交由第三人完成。建设工程主体结构的施工必须由承包人自行完成。

《最高人民法院关于审理建设工程施工合同纠纷案件适用法律问题的解释（一）》第一条规定：建设工程施工合同具有下列情形之一的，应当依据民法典第一百五十三条第一款的规定，认定无效。

（1）承包人未取得建筑业企业资质或者超越资质等级的。

（2）没有资质的实际施工人借用有资质的建筑施工企业名义的。

（3）建设工程必须进行招标而未招标或者中标无效的。

承包人因转包、违法分包建设工程与他人签订的建设工程施工合同，应当依据民法典第一百五十三条第一款及第七百九十一条第二款、第三款的规定，认定无效。

《民法典》第一百五十三条规定：违反法律、行政法规的强制性规定的民事法律行为无效。但是，该强制性规定不导致该民事法律行为无效的除外。违背公序良俗的民事法律行为无效。

《民法典》第七百九十一条规定：发包人可以与总承包人订立建设工程合同，也可以分别与勘察人、设计人、施工人订立勘察、设计、施工承包合同。发包人不得将应当由一个承包人完成的建设工程支解成若干部分发包给数个承包人。

总承包人或者勘察、设计、施工承包人经发包人同意，可以将自己承包的部分工作交由第三人完成。第三人就其完成的工作成果与总承包人或者勘察、设计、施工承包人向发包人承担连带责任。承包人不得将其承包的全部建设工程转包给第三人或者将其承包的全部建设工程肢解以后以分包的名义分别转包给第三人。

禁止承包人将工程分包给不具备相应资质条件的单位。禁止分包单位将其承包的工程再分包。建设工程主体结构的施工必须由承包人自行完成。

《民法典》第八百零六条规定：承包人将建设工程转包、违法分包的，发包人可以解除合同。

发包人提供的主要建筑材料、建筑构配件和设备不符合强制性标准或者不履行协助义务，致使承包人无法施工，经催告后在合理期限内仍未履行相应义务的，承包人可以解除合同。

合同解除后，已经完成的建设工程质量合格的，发包人应当按照约定支付相应的工程价款；已经完成的建设工程质量不合格的，参照本法第七百九十三条的规定处理。

6-22 中标后是否可以修改清单单价？

不可以。

《招标投标法（2017 修正）》第 46 条规定，招标人和中标人应当自中标通知书发出之日起三十日内，按照招标文件和中标人的投标文件订立书面合同。招标人和中标人不得再行订立背离合同实质性内容的其他协议。单价的调整会引起最终工程造价的差异，根据《招标投标法》及《招标投标法实施条例》等强制性规定，招标人所要求的这一调整无效。《最高人民法院关于审理建设工程施工合同纠纷案件适用法律问题的解释（二）》第 10 条规定，当事人签订的建设工程施工合同与招标文件、投标文件、中标通知书载明的工程范围、建设工期、工程质量、工程价款不一致，一方当事人请求将招标文件、投标文件、中标通知书作为结算工程价款的依据的，人民法院应予支持。

合同条款的生效必须具备两个条件：①必须是当事人真实的意思表示；②不能违反法律和行政法规的强制性规定。根据《最高人民法院关于印发《全国法院民商事审判工作会议纪要》的通知》的内容，人民法院在审理合同纠纷案件时，要依据《民法总则》第 153 条第 1 款和合同法司法解释（二）第 14 条的规定慎重判断"强制性规定"的性质，特别是要在考量强制性规定所保护的法益类型、违法行为的法律后果以及交易安全保护等因素的基础上认定其性质，并在裁判文书中充分说明理由。因此由于调整价款的约定违反了《招标投标法》第 46 条的规定，应当被认定是无效的价格调整条款。

6-23　为加快工程进度，是否可将大型工程拆解为小型零星工程，直接委托指定承包人？

不可以。

《招标投标法（2017 修正）》第四条规定：任何单位和个人不得将依法必须进行招标的项目化整为零或者以其他任何方式规避招标。

第三条规定：在中华人民共和国境内进行下列工程建设项目包括项目的勘察、设计、施工、监理以及与工程建设有关的重要设备、材料等的采购，必须进行招标。

（1）大型基础设施、公用事业等关系社会公共利益、公众安全的项目。

（2）全部或者部分使用国有资金投资或者国家融资的项目。

（3）使用国际组织或者外国政府贷款、援助资金的项目。前款所列项目的具体范围和规模标准，由国务院发展计划部门会同国务院有关部门制订，报国务院批准。法律或者国务院对必须进行招标的其他项目的范围有规定的，依照其规定。

 6-24　哪些情况下可不进行招标？

《招标投标法（2017 修正）》第六十六条规定：涉及国家安全、国家秘密、抢险救灾或者属于利用扶贫资金实行以工代赈、需要使用农民工等特殊情况，不适宜进行招标的项目，按照国家有关规定可以不进行招标。

《招标投标法实施条例（2019 修订）》第九条规定：除招标投标法第六十六条规定的可以不进行招标的特殊情况外，有下列情形之一的，可以不进行招标。

（1）需要采用不可替代的专利或者专有技术。

（2）采购人依法能够自行建设、生产或者提供。

（3）已通过招标方式选定的特许经营项目投资人依法能够自行建设、生产或者提供。

（4）需要向原中标人采购工程、货物或者服务，否则将影响施工或者功能配套要求。

（5）国家规定的其他特殊情形。

 6-25 移民安置规划批准后是否还能修改？

《大中型水利水电工程建设征地补偿和移民安置条例（2017 修订）》第九条规定：经批准的移民安置规划大纲是编制移民安置规划的基本依据，应当严格执行，不得随意调整或者修改；确需调整或者修改的，应当报原批准机关批准。

第十五条规定：经批准的移民安置规划是组织实施移民安置工作的基本依据，应当严格执行，不得随意调整或者修改；确需调整或者修改的，应当依照本条例第十条的规定重新报批。

 6-26 未签订劳动合同的劳动者是否可以要求用人单位补偿多倍工资？

可以。

《劳动合同法实施条例》第六条规定：用人单位自用工之日起超过一个月不满一年未与劳动者订立书面劳动合同的，应当依照劳动合同法第八十二条的规定向劳动者每月支付两倍的工资，并与劳动者补订书面劳动合同；劳动者不与用人单位订立书面劳动合同的，用人单位应当书面通知劳动者终止劳动关系，并依照劳动合同法第四十七条的规定支付经济补偿。

第七条规定：用人单位自用工之日起满一年未与劳动者订立书面劳动合同的，自用工之日起满一个月的次日至满一年的前一日应当依照劳动合同法第八十二条的规定向劳动者每月支付两倍的工资，并视为自用工之日起满一年的当日已经与劳动者订立无固定期限劳动合同，应当立即与劳动者补订书面劳动合同。

6-27 农民工工资支付形式及周期是怎样的？

（1）农民工工资应当以货币形式，通过银行转账或者现金支付给农民工本人，不得以实物或者有价证券等其他形式替代。

（2）用人单位应当按照与农民工书面约定或者依法制定的规章制度规定的

工资支付周期和具体支付日期足额支付工资。用人单位向农民工支付工资时，应当提供农民工本人的工资清单。

（3）实行月、周、日、小时工资制的，按照月、周、日、小时为周期支付工资；实行计件工资制的，工资支付周期由双方依法约定。

（4）用人单位与农民工书面约定或者依法制定的规章制度规定的具体支付日期，可以在农民工提供劳动的当期或者次期。具体支付日期遇法定节假日或者休息日的，应当在法定节假日或者休息日前支付。用人单位因不可抗力未能在支付日期支付工资的，应当在不可抗力消除后及时支付。

（5）用人单位应当按照工资支付周期编制书面工资支付台账，并至少保存3年。

（6）书面工资支付台账应当包括用人单位名称，支付周期，支付日期，支付对象姓名、身份证号码、联系方式，工作时间，应发工资项目及数额，代扣、代缴、扣除项目和数额，实发工资数额，银行代发工资凭证或者农民工签字等内容。

 ## 6-28　农民工工资支付保障措施有哪些？

为预防和解决拖欠或克扣农民工工资问题，根据《中华人民共和国劳动法》《工资支付暂行规定》等有关规定，采取保证如下措施：

（1）严格按照《劳动法》《保障农民工工资支付条例》《工资支付暂行规定》和《最低工资规定》等有关规定支付农民工工资，不得拖欠或克扣。

（2）依法通过集体协商或其他形式制定内部工资支付办法，并告知本企业全体农民工，同时抄报当地劳动和社会保障行政部门与建设行政主管部门。

（3）内部工资支付办法应包括以下内容：支付项目、支付标准、支付方式、支付周期和日期、加班工资计算基数、特殊情况下的工资支付以及其他工资支付内容。

（4）根据劳动合同约定的农民工工资标准等内容，按照依法签订的集体合同或劳动合同约定的日期按月支付工资。具体支付方式可结合工程特点在内部工资支付办法中规定。

（5）将工资直接发放给农民工本人，严禁发放给"工程"或其他不具备用工主体资格的组织和个人。

（6）支付农民工工资应编制工资支付表，如实记录支付单位、支付时间、支付对象、支付数额等工资支付情况，并保存两年以上备查。

（7）对劳务分包企业工资支付进行监督，督促其依法支付农民工工资。

（8）定期如实向当地劳动和社会保障行政部门及建设行政主管部门报送本单位工资支付情况。

（9）按有关规定缴纳工资保障金，存入当地政府指定的专户，用于垫付拖欠的农民工工资。

 哪些情形不需申请领取取水许可证？

根据《取水许可和水资源费征收管理条例（2017修订）》相关规定，下列情形不需要申请领取取水许可证：

（1）农村集体经济组织及其成员使用本集体经济组织的水塘、水库中的水的。

（2）家庭生活和零星散养、圈养畜禽饮用等少量取水的。

（3）为保障矿井等地下工程施工安全和生产安全必须进行临时应急取（排）水的。

（4）为消除对公共安全或者公共利益的危害临时应急取水的。

（5）为农业抗旱和维护生态与环境必须临时应急取水的。

取用水资源的单位和个人，除以上规定的情形外，都应当申请领取取水许可证，并缴纳水资源费。

 哪些情形可免缴土地使用税？

根据《中华人民共和国城镇土地使用税暂行条例（2019修订）》相关规定，下列土地免缴土地使用税：

（1）国家机关、人民团体、军队自用的土地。

（2）由国家财政部门拨付事业经费的单位自用的土地。

（3）宗教寺庙、公园、名胜古迹自用的土地。

（4）市政街道、广场、绿化地带等公共用地。

（5）直接用于农、林、牧、渔业的生产用地。

（6）经批准开山填海整治的土地和改造的废弃土地，从使用的月份起免缴土地使用税 5 ～ 10 年。

（7）由财政部另行规定免税的能源、交通、水利设施用地和其他用地。

除以上情形外，纳税人缴纳土地使用税确有困难需要定期减免的，由县以上税务机关批准。

 ## 新征用的土地，何时开始缴纳土地使用税？

新征用的耕地，自批准征用之日起满 1 年时开始缴纳土地使用税；征用的非耕地，自批准征用次月起缴纳土地使用税。

土地使用税由土地所在地的税务机关征收。土地管理机关应当向土地所在地的税务机关提供土地使用权属资料。

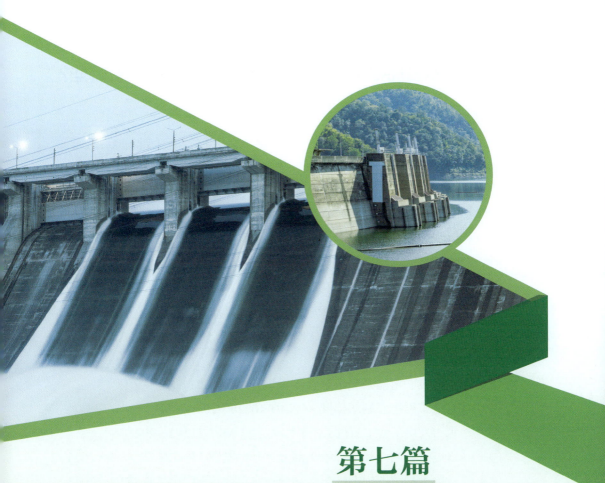

第七篇

制度篇

7-1　抽水蓄能相关的法律、法规、规范、标准有哪些？

1. 通用

（1）《国家能源局关于印发〈新型储能项目管理规范（暂行）〉的通知》（国能发科技规〔2021〕47 号）

（2）《抽水蓄能电站开发建设管理暂行办法》（发改能源规〔2025〕93 号）

（3）《水力发电技术基本术语》（GB/T 44634—2024）

（4）《水电站基本术语》（GB/T 40582—2021）

（5）《抽水蓄能电站基本名词术语》（GB/T 36550—2018）

（6）《水电工程标识系统编码标准》（NB/T 11666—2024）

（7）《水电站信号标识系统编码导则》（DL/T 2728—2024）

（8）《抽水蓄能电厂标识系统（KKS）编码导则》（GB/T 32510—2016）

（9）《水轮机、蓄能泵和水泵水轮机型号编制方法》（GB/T 28528—2012）

（10）《水轮机、蓄能泵和水泵水轮机用符号》（JB/T 6478—2013）

（11）《水电工程生态制图标准》（NB/T 10226—2019）

（12）《水力发电工程 CAD 制图技术规定》（NB/T 11192—2023）

（13）《水电工程制图标准　第 1 部分：基础制图》（NB/T 10883.1—2023）

（14）《水电工程制图标准　第 2 部分：水工建筑》（NB/T 10883.2—2023）

（15）《水电工程制图标准　第 3 部分：金属结构》（NB/T 10883.3—2023）

（16）《水电工程制图标准　第 4 部分：水力机械》（NB/T 10883.4—2021）

（17）《水电工程制图标准　第 5 部分：电气》（NB/T 10883.5—2022）

（18）《水电工程制图标准　第 7 部分：水土保持》（NB/T 10883.7—2023）

（19）《水电工程智能建造技术通则》（NB/T 11561—2024）

（20）《水电水利工程现场文明施工规范》（DL/T 5798—2019）

（21）《水电水利工程施工测量规范》（DL/T 5742—2016）

（22）《水电水利工程道路快硬混凝土施工规范》（DL/T 5800—2019）

（23）《水电水利工程场内施工道路技术规范》（DL/T 5243—2010）

（24）《水电水利工程施工基坑排水技术规范》（DL/T 5719—2015）

（25）《水电水利工程截流施工技术规范》（DL/T 5741—2016）

（26）《水电水利工程过水围堰施工技术规范》（DL/T 5799—2019）

（27）《地下洞室绿色施工技术规范》（DL/T 5827—2021）

（28）《水电水利地下工程地质超前预报技术规程》（DL/T 5783—2019）

（29）《水电工程施工地质规程》（NB/T 35007—2013）

（30）《水电水利工程施工测量规范》（DL/T 5173—2012）

（31）《大坝智能建设技术导则》（NB/T 11668—2024）

（32）《水电水利工程渡槽施工规范》（DL/T 5875—2024）

2. 征地移民安置

（1）《中华人民共和国土地管理法》（2019 年 8 月 26 日第十三届全国人大常委会第十二次会议修订）

（2）《中华人民共和国森林法》（2019 年 12 月 28 日第十三届全国人民代表大会常务委员会第十五次会议修订）

（3）《中华人民共和国民法典》（2020 年 5 月 28 日第十三届全国人民代表大会第三次会议通过）

（4）《中华人民共和国村民委员会组织法》（2018 年 12 月 29 日第十三届全国人民代表大会常务委员会第七次会议修订）

（5）《中华人民共和国矿产资源法》（2024 年 11 月 8 日第十四届全国人民代表大会常务委员会第十二次会议修订）

（6）《中华人民共和国文物保护法》（2024 年 11 月 8 日第十四届全国人民代表大会常务委员会第十二次会议修订）

（7）《中华人民共和国社会保险法》（2018 年 12 月 29 日第十三届全国人民代表大会常务委员会第七次会议修订）

（8）《中华人民共和国城乡规划法》（2019 年 4 月 23 日第十届全国人民代表大会常务委员会第三十次会议通过）

（9）《中华人民共和国耕地占用税法》（2018 年 12 月 29 日第十三届全国人民代表大会常务委员会第七次会议通过）

（10）《中华人民共和国文物保护法实施条例》（国务院令第 687 号，2017 年 10 月 7 日修订）

（11）《文物保护工程管理办法》（中华人民共和国文化部令第 26 号）

（12）《中华人民共和国土地管理法实施条例》（国务院令第 256 号，2021

年 7 月 2 日修订）

（13）《中华人民共和国基本农田保护条例》（国务院令〔2011〕第 588 号）

（14）《中华人民共和国森林法实施条例》（国务院令第 698 号，2018 年 3 月 19 日修订）

（15）《大中型水利水电工程建设征地补偿和移民安置条例》（国务院令第 679 号，2017 年 4 月 14 日修订）

（16）《国家发展改革委关于做好水电开发利益共享工作的指导意见》（发改能源规〔2019〕439 号）

（17）《土地调查条例》（国务院令第 698 号，2018 年 3 月 19 日修订）

（18）《土地复垦条例》（国务院令第 592 号，2011 年）

（19）《中共中央、国务院关于全面推进集体林权制度改革的意见》（中发〔2008〕10 号）

（20）《国务院关于进一步推进户籍制度改革的意见》（国发〔2014〕25 号）

（21）《关于加大用地政策支持力度促进大中型水利水电工程建设的意见》（国土资规〔2016〕1 号）

（22）《关于做好占用永久基本农田重大建设项目用地预审的通知》（自然资规〔2018〕3 号）

（23）《国土资源部关于全面实行永久基本农田特殊保护的通知》（国土资规〔2018〕1 号）

（24）《自然资源部 农业农村部关于加强和改进永久基本农田保护工作的通知》（自然资规〔2019〕1 号）

（25）《国土资源部关于进一步做好建设项目压覆重要矿产资源审批管理工作的通知》（自然资办函〔2020〕710 号）

（26）《关于调整森林植被恢复费征收标准引导节约集约利用林地的通知》（财税〔2015〕122 号）

（27）《建设项目使用林地审核审批管理办法》（国家林业局第 35 号令）

（28）《国家林业局关于加强临时占用林地监督管理的通知》（林资发〔2015〕121 号）

（29）《土地权属争议调查处理办法》（国土资源部令第 17 号）

（30）《土地调查条例实施办法》（国土资源部令第 45 号）

（31）《中国公民收养子女登记办法》（民政部令第14号，2019年3月2日修订）

（32）《国土资源部关于进一步做好征地管理工作的通知》（国土资发〔2010〕96号）

（33）《关于房屋建筑面积计算与房屋权属登记有关问题的通知》（建住房〔2002〕74号）

（34）《国务院关于完善大中型水库移民后期扶持政策的意见》（国发〔2006〕17号）

（35）《国家发展改革委关于做好水电工程先移民后建设有关工作的通知》（发改能源〔2012〕293号）

（36）《国务院关于深化改革严格土地管理的决定》（国发〔2004〕28号）

（37）《国务院办公厅转发劳动保障部关于做好被征地农民就业培训和社会保障工作指导意见的通知》（国办发〔2006〕29号）

（38）《国务院关于加强土地调控有关问题的通知》（国发〔2006〕31号）

（39）《劳动保障部国土资源部关于切实做好被征地农民社会保障工作有关问题的通知》（劳社部发〔2007〕14号）

3. 环境保护工程

（1）《中华人民共和国环境保护法》（2014年4月24日第十二届全国人民代表大会常务委员会第八次会议修订通过）

（2）《中华人民共和国环境影响评价法》（2018年12月29日第十三届全国人民代表大会常务委员会第七次会议修正）

（3）《中华人民共和国水法》（2016年7月2日第十二届全国人民代表大会第二十一次会议修正）

（4）《中华人民共和国水污染防治法》（2017年6月27日第十二届全国人民代表大会第二十八次会议修正）

（5）《中华人民共和国土壤污染防治法》（2018年8月31日第十三届全国人大常委会第五次会议通过）

（6）《中华人民共和国大气污染防治法》（2018年10月26日第十三届全国人民代表大会第六次会议修正）

（7）《中华人民共和国环境噪声污染防治法》（2018年12月29日第十三届

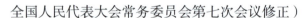

全国人民代表大会常务委员会第七次会议修正）

（8）《中华人民共和国固体废物污染环境防治法》（2020 年 4 月 29 日第十三届全国人民代表大会常务委员会第十七次会议第二次修订）

（9）《中华人民共和国环境保护税法》（2018 年 10 月 26 日第十三届全国人民代表大会常务委员会第六次会议修正）

（10）《中华人民共和国节约能源法》（2018 年 10 月 26 日第十三届全国人民代表大会常务委员会第六次会议修正）

（11）《中华人民共和国自然保护区条例》（国务院令第 687 号，2017 年 10 月 7 日修订）

（12）《城镇排水与污水处理条例》（国务院令第 641 号，2013 年）

（13）《建设项目环境保护管理条例》（国务院令第 682 号，2017 年）

（14）《国务院关于废止和修改部分行政法规的决定》（国务院令第 752 号，2022 年）

（15）《国家危险废物名录（2025 年版）》（生态环境部、国家发展和改革委员会、公安部、交通运输部、国家卫生健康委员会令第 36 号）

（16）《环境影响评价公众参与办法》（生态环境部令第 4 号）

（17）《建设项目环境影响评价分类管理名录》（环境保护部令第 44 号）

（18）《排污许可管理办法》（生态环境部 部令第 32 号）

（19）《农用地土壤环境管理办法（试行）》（环境保护部、农业部令第 46 号）

（20）《建设项目环境影响后评价管理办法（试行）》（环境保护部令第 37 号）

（21）《产业结构调整指导目录（2024 年本）》（国家发展和改革委员会令第 7 号）

（22）《中华人民共和国工程建设标准强制性条文》（中华人民共和国建设部令第 81 号，2000 年 8 月 25 日）

（23）《土壤环境质量农用地土壤污染风险管控标准（试行）》（GB 15618—2018）

（24）《土壤环境质量建设用地土壤污染风险管控标准（试行）》（GB 36600—2018）

（25）《水利水电工程初步设计报告编制规程》（SL 619—2021）

（26）《环境空气质量自动监测技术规范》（HJ/T 193—2013）

（27）《环境影响评价技术导则总纲》（HJ 130—2019）

（28）《生态环境状况评价技术规范》（HJ 192—2015）

（29）《城镇污水处理厂运行监督管理技术规范》（HJ 2038—2014）

（30）《采油废水治理工程技术规范》（HJ 2041—2014）

（31）《危险废物处置工程技术导则》（HJ 2042—2014）

（32）《环境工程设计文件编制指南》（HJ 2050—2015）

（33）《环境影响评价技术导则输变电工程》（HJ 24—2014）

（34）《建设用地土壤修复技术导则》（HJ 25.4—2019）

（35）《环境影响评价技术导则地下水环境》（HJ 610—2016）

（36）《建设项目竣工环境保护验收技术规范输变电工程》（HJ 705—2014）

（37）《环境噪声监测技术规范噪声测量值修正》（HJ 706—2014）

（38）《集中式饮用水水源地规范化建设环境保护技术要求》（HJ 773—2015）

（39）《集中式饮用水水源地环境保护状况评估技术规范》（HJ 774—2015）

（40）《水电水利工程环境保护设计规范》（DL/T 5402—2007）

（41）《水电工程环境保护设计规范》（NB/T 10504—2021）

（42）《国家发展改革委关于进一步放开建设项目专业服务价格的通知》（发改价格〔2015〕299号）

4. 水土保持工程

（1）《水利工程设计概（估）算编制规定》（水总〔2024〕323号）

（2）《水土保持补偿费征收使用管理办法》（财综〔2014〕8号）

（3）《关于〈水土保持补偿费收费标准（试行）〉的通知》（发改价格〔2014〕886号）

（4）《水利工程营业税改征增值税计价依据调整办法》（办水总〔2016〕132号）

（5）《水土保持工程设计规范》（GB 51018—2014）

7-2　抽水蓄能造价管理文件有哪些?

（1）《水电工程投资匡算编制规定》（2014 版）（NB/T 35030—2014）

（2）《水电工程投资估算编制规定》（2014 版）（NB/T 35034—2014）

（3）《水电工程设计概算编制规定》（NB/T 11408—2023）

（4）《水电工程费用构成及概（估）算费用标准》（NB/T 11409—2023）

（5）《抽水蓄能电站投资编制细则》（NB/T 11410—2023）

（6）《水电工程设计概算编制规定（2013 版）》（可再生定额〔2014〕54 号）

（7）《水电工程费用构成及概（估）算费用标准（2013 版）》（可再生定额〔2014〕54 号）

（8）《水电工程招标设计概算编制规定》（NB/T 35107—2017）

（9）《水电工程分标概算编制规定》（NB/T 35106—2017）

（10）《水电工程调整概算编制规定》（2014 版）（NB/T 35032—2014）

（11）《水电工程执行概算编制导则》（NB/T 11324—2023）

（12）《水电建筑工程概算定额（试行版）》（可再生定额〔2024〕34 号）

（13）《水电设备安装工程概算定额（试行版）》（可再生定额〔2024〕34 号）

（14）《水电工程施工机械台时费定额（试行版）》（可再生定额〔2024〕34 号）

（15）《水电建筑工程预算定额（2004 年版）》（上册）（水电规造价〔2004〕0028 号）

（16）《水电建筑工程预算定额（2004 年版）》（下册）（水电规造价〔2004〕0028 号）

（17）《水电设备安装工程预算定额（2003 年版）》（中电联计经〔2003〕87 号）

（18）《水电工程"实物法"概算编制导则（试行）（2000 版）》（国电电源〔2000〕800 号）

（19）《水电工程安全监测系统专项投资编制细则（2014 版）》（NB/T 35031—2014）

（20）《水电工程水土保持专项投资编制细则》（NB/T 35072—2015）

（21）《水电工程环境保护专项投资编制细则》（NB/T 35033—2014）

（22）《水电建设项目劳动安全与工业卫生专项投资编制细则（试行）》（2007 版）

（23）《水电工程水文测报和泥沙监测专项投资编制细则》（NB/T 35073—2015）

（24）《水电工程建设征地移民安置补偿费用概（估）算编制规范》（NB/T 10877—2021）

（25）《关于调整水电工程、风电场工程及光伏发电工程计价依据中建筑安装工程增值税税率及相关系数的通知》（可再生定额〔2019〕14 号）

（26）《水电工程工程量清单计价规范（2010 版）》（可再生定额〔2010〕26 号）

（27）《水电工程完工总结算报告编制导则》（NB/T 11323—2023）

（28）《水电工程竣工决算专项验收规程》（NB/T 10146—2019）

（29）《水电工程竣工决算报告编制规定》（NB/T 10145—2019）

（30）《水电建设项目经济评价规范》（DL/T 5441—2010）

抽水蓄能勘察、设计及监理管理文件有哪些？

（1）《水电工程勘察设计费计算标准》（NB/T 10968—2022）

（2）《国家计委、建设部关于发布〈工程勘察设计收费管理规定〉的通知》（计价格〔2002〕10 号）

（3）《国家计委关于印发〈建设项目前期工作咨询收费暂行规定〉》（计价格〔1999〕1283 号）

（4）《国家发展改革委、建设部关于印发〈水利、电力建设项目前期工作工程勘察收费暂行规定〉》（发改价格〔2006〕1352 号）

（5）《国家发展改革委、建设部关于印发〈建设工程监理与相关服务收费管理规定〉》（发改价格〔2007〕670 号）

7-4　抽水蓄能合同管理文件有哪些？

（1）《中华人民共和国价格法》（1997 年 12 月 29 日第八届全国人民代表大会常务委员会第二十九次会议通过）

（2）《中华人民共和国招投标法》（2017 年 12 月 27 日第十二届全国人民代表大会常务委员会第三十一次会议修正）

（3）《中华人民共和国招投标法实施条例》（国务院令 第 613 号，2019 年 3 月 2 日第三次修订）

（4）《中华人民共和国民法典》（2020 年 5 月 28 日第十三届全国人民代表大会第三次会议通过）

（5）《建设工程质量管理条例》（国务院令 第 279 号，2019 年 4 月 23 日第二次修订）

（6）《住房城乡建设部、财政部关于印发〈建设工程质量保证金管理办法〉的通知》（建质〔2016〕295 号）

（7）《国家能源局关于印发〈电力工程定额与造价工作管理办法〉的通知》（国能电力〔2013〕501 号）

（8）《住房城乡建设部、财政部关于印发〈建筑安装工程费用项目组成〉的通知》（建标〔2013〕44 号）

（9）《建筑工程施工发包与承包计价管理办法》（中华人民共和国住房和城乡建设部令，2013 年 12 月 11 日）

（10）《国家电网有限公司工程财务管理办法》（国网〔财〕2351—2019）

（11）《国家电网有限公司关于贯彻〈保障农民工工资支付条例〉防范相关法律合规风险的通知》（国家电网法〔2020〕372 号）

参考文献

［1］ 中华人民共和国住房和城乡建设部.建设工程工程量清单计价规范［M］.北京：中国计划出版社，2013.

［2］ 水电水利规划设计总院，可再生能源定额站.水电工程工程量清单计价规范［M］.北京：中国电力出版社，2010.

［3］ 水电水利规划设计总院，可再生能源定额站.水电工程设计概算编制规定（2013年版）［M］.北京：中国电力出版社，2014.

［4］ 水电水利规划设计总院，可再生能源定额站.水电工程费用构成及概（估）算费用标准（2013年版）［M］.北京：中国电力出版社，2014.

［5］ 水电水利规划设计总院，可再生能源定额站.水电工程工程量清单计价规范［M］.北京：中国电力出版社，2010.

［6］ 国家能源局.水电工程设计概算编制规定［M］.北京：中国水利水电出版社，2024.

［7］ 国家能源局.水电工程费用构成及概（估）算费用标准［M］.北京：中国水利水电出版社，2024.

［8］ 国家能源局.抽水蓄能电站投资编制细则［M］.北京：中国水利水电出版社，2024.

［9］ 中国建设工程造价管理协会.建设项目工程结算编审规程（CECA/GC-2010）［M］.北京：中国计划出版社，2010.

［10］ 国家能源局发布.水电工程调整概算编制规定［M］.北京：中国电力出版社，2014.

［11］ 国网河北省电力有限公司建设部.输变电工程现场造价管理手册［M］.北京：中国电力出版社，2022.

［12］ 水电水利规划设计总院，可再生能源定额站.水电工程造价指南（第三版）专业卷［M］.北京：中国水利水电出版社，2016.

［13］ 全国造价工程师执业资格考试培训教材编审委员会.建设工程造价管理［M］.北京：中国计划出版社，2023.